中国地名标准化
研究文库

地名标志标准化概论

宋久成　张清华　汪太明　教明铭　著

中国社会出版社

《中国地名标准化研究文库》顾问、编委名单

序

《中国地名标准化研究文库》

大力推进并逐步实现地名国家标准化，进而推进地名国际标准化作贡献，为国家社会主义现代化建设和国内外交往及人们的日常生活提供便捷的公共服务，是我国地名工作的根本任务。地名标准化事业，关系到维护国家主权和民族尊严，关系到民族团结，关系到国际交流与合作，关系到社会交往和人们的日常生活，关系到国防建设和社会治安，关系到弘扬中华优秀文化和社会主义先进文化建设。因此，我国的地名学理论研究也必须坚持地名标准化这个大方向，为推进中国地名标准化提供理论技术支持，并积极参加国家地名标准化的学术交流与合作，为繁荣我国的科学文化事业作贡献。

二十多年来，中国地名学理论研究取得了长足发展，学科体系基本形成，理论研究成果丰硕，且正在不断开拓和创新，有力地推动了中国地名标准化事业。为了全面、系统地总结、展示中国地名学研究成果，为中国地名标准化事业的开拓与创新提供理论支持，引导地名学理论研究活动沿着国内外地名标准化发展方向深入开展，同时为广大地名工作者专业理论水平的提高提供一套系统教材，在民政部领导的关注与指导下，并经有关部门推准立项，中国地名研究所（民政部地名研究所）设立了“地名标准化”研究课题。本着传承与创新、国内与国际相结合的原则，选定了一系列理论专题，对地名标准化涉及的主要问题进行了系统的梳理与研究，成为一项地名学理论研究的系统工程。各个理论专题，由本所各研究室和各有关单位的专家联合攻关，经过三年多的深入研究，各专题都取得了可喜的成果。为了及时奉献社会并与国内外同人交流，中国地名研究所（民政部地名研究所）和中国行政区划与地名学会，组织课题组将各个研究专题归纳、梳理，撰写了这套《中国地名标准化研究文库》，使之成为集当代中国地名学研究成果之大成的地名学丛书。

本《文库》各册专著，基本上涵盖了中国地名学的学科内容，系统地揭示了地名学的主要论题，因而《文库》具有鲜明的系统性；本《文库》以中国地名工作的根本目标——地名标准化为纲，各册专著均遵循不断推进、逐步实现地名国家标准化和地名国际标准化这个大目标阐述理论主张，因而《文库》具有鲜明的目的性；本《文库》各册专著在理论观点上既保持地名学科的一致性又允许各自成理论体系，在内容上既防止相互重复又允许必要的交叉，在体例上既保持统一的规范又允许必要的具体变通，因而《文库》具有鲜明的科学性；本《文库》各个专著坚持理论与实践相结合的原则，切实服务于地名工作实践，因而《文库》具有鲜明的实用性；本《文库》坚持继承与创新并举的原则，一方面积极传承中国地名学研究理论成果并使之发扬光大，一方面着眼未来大胆开拓创新，使之长足发展，因而《文库》具有鲜明的创新性。

参加课题的研究人员，既有多年从事地名学理论研究的中老年专家，又有勇于开拓创新的青年人才，这个科研群体在一定程度上体现了我国地名学理论研究传承与发展的历程。《文库》的编著出版，是各专题研究人员集体智慧的结晶，也是我国二十多年来广大地名工作者和专家、学者研究成果的总结。衷心感谢关注、支持《文库》编著出版的褚亚平、王际桐、杜祥明、史为乐、李炳尧、杨光浴、周定国等老一辈地名学专家和多年来为推动中国地名学发展作出贡献的专家、学者及广大地名工作者。

本《文库》各册专著采用统一装帧和版式设计，分册出版，但不排列先后顺序。

《中国地名标准化研究文库》是我国第一套地名学丛书，其中多数专著也是第一次与读者见面。它的编著出版是地名学理论研究的一项系统工程，也是我国地名学理论建设具有历史意义的一件大事。鉴于地名学是一门新兴学科，加之我们水平的局限性，其中误漏在所难免，敬请专家、学者和广大读者指正。

刘保全

2007年10月

（注：刘保全为中国地名研究所所长、中国行政区划与地名学会会长、联合国地名专家组中国分部主席）

目录

第一章　概　述

读名识意，《地名　标志》国家标准，首先是一个标准，是地名领域的标准，然后是地名标志方面的标准。所以，在第一章主要介绍标准的基本知识、标准地名标志的基本知识，并概要阐述我国设置标准地名标志的工作历程和设置标准地名标志的意义。

第一节　标准的基本知识

为了使用者更好地理解和掌握《地名　标志》国家标准，我们首先从标准和标准化的基本知识谈起。

一、基本概念

1. 什么是标准

标准是为了在一定的范围内获得最佳秩序，经协商一致制定并由公认机构批准，共同使用的和重复使用的一种规范性文件。

2. 什么是标准化

标准化是为了在一定范围内获得最佳秩序，对现实问题或潜在问题制定共同使用和重复使用的条款的活动。

3. 什么是国际标准

国际标准是指国际标准化组织（ISO）、国际电工委员会（IEC）和国际电信联盟（ITU）等制定的标准，以及国际标准化组织确认并公布的其他国际组织制定的标准。国际标准在世界范围内统一使用。

目前，被国际标准化组织确认并公布的其他国际组织有：国际计量局（BIPM）、国际人造纤维标准化局（BISFA）、食品法典委员会（CAC）、时空系统咨询委员会（CCSDS）、国际建筑研究实验与文献委员会（CIB）、国际照明委员会（CIE）、国际内燃机会议（CIMAC）、国际牙科联盟会（FDI）、国际信息与文献联合会（FID）、国际原子能机构（IAEA）、国际航空运输协会（IATA）、国际民航组织（ICAO）、国际谷类加工食品科学技术协会（ICC）、国际排灌研究委员会（ICID）、国际辐射防护委员会（ICRP）、国际辐射单位和测试委员会（ICRU）、国际制酪业联合会（IDF）、万围网工程特别工作组（IETF）、国际图书馆协会与学会联合会（IFTA）、国际有机农业运动联合会（IFOAM）、国际煤气工业联合会（IGU）、国际制冷学会（IIR）、国际劳工组织（ILO）、国际海底组织（IMO）、国际种子检验协会（ISTA）、国际电信联盟（ITU）、国际理论与应用化学联合会（IUPAC）、国际毛纺组织（IWTO）、国际动物流行病学局（OIE）、国际法制计量组织（OIML）、国际葡萄与葡萄酒局（OIV）、材料与结构研究实验所国际联合会（RILEM）、贸易信息交流促进委员会（TarFIX）、国际铁路联盟（UIC）、经营交易和运输程序和实施促进中心（UN/CEFACT）、联合国教科文组织（UNESCO）、国际海关组织（WCO）、国际卫生组织（WHO）、世界知识产权组织（WIPO）、世界气象组织（WMO）。

4. 什么是国外先进标准

国外先进标准是指未经国际标准化组织（ISO）确认并公布的其他国际组织的标准，发达国家的国家标准，区域性组织的标准和国际上有权威的团体标准与企业（公司）标准中的先进标准。例如，美国标准（ANSI）、德国标准（DIN）、英国标准（BS）、日本工业标准（JIS）、法国标准（NF）以及前苏联国家标准（ГOST）等。

5. 什么是采用国际标准和国外先进标准

采用国际标准和国外先进标准是指把国际标准和国外先进标准的内

容，经过分析研究和试验验证，等同或修改转化为我国标准（包括国家标准、行业标准、地方标准和企业标准），并按我国标准审批发布程序审批发布。

6. 世界各国为什么都积极采用国际标准

随着国际贸易广泛开展，产品在国际市场上的竞争越来越激烈，要求产品不但应具有高质量、好性能，还要具有广泛的通用性、互换性。但是如果产品标准不一致，就会给国际贸易带来障碍。这就要求产品的标准在各国间统一起来，按照国际上统一的标准生产。所以世界各国都积极采用国际标准。

7. 什么是等同采用国际标准和国外先进标准

“等同”程度分如下两种情况：

（1）国家标准与国际标准在技术内容和文本结构方面完全相同；

（2）国家标准与国际标准在技术内容上相同，但可以包含小的编辑性修改。

这两种情况的任何一种都属于“等同采用国际标准和国外先进标准”。其中情况（1）多见于西方国家。由于国际标准化组织是以西方国家标准化机构为基础建立起来的，西方国家的标准与国际标准较协调；同时，国际标准大多以西方国家语言发布，因此，西方国家在采用国际标准时，很多情况下都无须进行编辑性修改。相反，由于汉语还不是ISO/IEC官方语言，为了适应我国的语言习惯，在采用国际标准时，不可避免地要进行一些编辑性修改。所以，我国标准等同采用国际标准通常属于情况（2）。

在等同的国家标准和国际标准中，国际标准可以接受的内容在国家标准中也可以接受；反之，国家标准可以接受的内容在国际标准中也可以接受。因此，符合国家标准就意味着符合国际标准，符合国际标准也意味着符合国家标准。

8. 什么是修改采用国际标准和国外先进标准

国家标准与国际标准之间存在技术性差异，但是国家标准在结构上与国际标准相对应，这种情况属于修改采用国际标准和国外先进标准。

也就是说，在不影响国际标准结构的前提下，对国际标准进行一些关于技术的修改。

9. 什么是非等效采用国际标准和国外先进标准

国家标准与相应的国际标准在技术内容和文本结构上不同，同时它们之间的差异也没有被清楚地标明。这其中也包括国家标准与国际标准的技术性差异太大，以至于国家标准中仅保留国际标准中少量或不重要的条款，那么无论技术性差异或结构变化是否被清楚地标明，都只能属于“非等效采用国际标准和国外先进标准”。

二、标准分类

标准为适应不同的要求从而构成一个庞大而复杂的系统，为便于研究和应用，人们从不同的角度和属性将标准进行分类。

1. 按照适用范围分类

根据《中华人民共和国标准化法》（以下简称《标准化法》）的规定，我国标准分为国家标准、行业标准、地方标准和企业标准四类。

（1）国家标准：由国务院标准化行政主管部门制定的需要全国范围内统一的技术要求。

（2）行业标准：没有国家标准而又需要在全国某个行业范围内统一的技术标准，由国务院有关行业行政主管部门制定并报国务院标准化行政主管部门备案的标准。

（3）地方标准：没有国家标准和行业标准而又需要在省、自治区、直辖市范围内统一的工业产品的安全、卫生要求，由省、自治区、直辖市标准化行政主管部门制定并报国务院标准化行政主管部门和国务院有关行业行政主管部门备案的标准。

（4）企业标准：企业生产的产品没有国家标准、行业标准和地方标准，由企业制定的作为组织生产依据的相应的标准，或在企业内制定适用的严于国家标准、行业标准或地方标准的企业标准（内控标准），由企业自行组织制定的并按省、自治区、直辖市人民政府的规定备案的标准（不含内控标准）。

这四类标准没有技术水平高低的划分，主要是适用范围不同。

2. **按照法律约束性分类**

（1）强制性标准：强制性标准主要是保障人体健康，人身、财产安全的标准和法律、行政法规规定强制执行的标准。对不符合强制标准的产品禁止生产、销售和进口。

根据《标准化法》的规定，企业和有关部门对涉及其经营、生产、服务、管理有关的强制性标准都必须严格执行，任何单位和个人不得擅自更改或降低标准。对违反强制性标准而造成不良后果以致重大事故者由法律、行政法规规定的行政主管部门依法根据情节轻重给予行政处罚，直至由司法机关追究刑事责任。

（2）推荐性标准：推荐性标准是指导性标准，由公认机构批准的，非强制性的，为了通用或反复使用的目的，为产品或相关生产方法提供规则、指南等的文件。

推荐性标准由于是协调一致文件，不受政府和社会团体的利益干预，能更科学地规定特性或指导生产。《标准化法》鼓励企业积极采用推荐性标准。为了防止企业利用标准欺诈消费者，要求如果企业采用低于推荐性标准的企业标准组织生产产品，企业应向消费者明示其产品标准水平。

（3）标准化指导性技术文件：标准化指导性技术文件是为仍处于技术发展过程中的标准化工作提供指南或信息，供科研、设计、生产、使用和管理等有关人员参考使用而制定的标准文件。

3. **按照标准性质分类**

（1）技术标准：对标准化领域中需要协调统一的技术事项所制定的标准。主要是事物的技术性内容。

（2）管理标准：对标准化领域中需要协调统一的管理事项所制定的标准。主要是规定人们在生产活动和社会生活中的组织结构、职责权限、过程方法、程序文件以及资源分配等事宜，它是合理组织国民经济，正确处理各种生产关系，正确实现合理分配，提高生产效率和效益的依据。

（3）工作标准：对标准化领域中需要协调统一的工作事项所制定的标准。主要是针对具体岗位而规定人员和组织在生产经营管理活动中的职责、权限，对各种过程的定性要求以及活动程序和考核评价要求。

4. **按照标准化对象和作用分类**

（1）基础标准：在一定范围内作为其他标准的基础并普遍通用，具有广泛指导意义的标准。如名词、术语、符号、代号等标准；计量单位制、图形符号等标准；产品环境条件及可靠性要求等标准。

（2）产品标准：为保证产品的适用性，对产品必须达到的某些或全部特性要求所制定的标准，通常包括：品种、规格、技术条件、试验方法、检验规则、包装、标志、运输和贮存等几方面要求。

（3）方法标准：以试验、检查、分析、抽样、统计、计算、测定、作业等各种方法为对象而制定的标准。

（4）安全标准：以保护人和物的安全为目的而制定的标准。

（5）卫生标准：为保护人的健康，对食品、医药及其他方面的卫生要求而制定的标准。

（6）环境保护标准：为保护环境和有利于生态平衡，对大气、水体、土壤、噪声、振动等环境质量、污染管理、监测方法及其他事项而制定的标准。

以上每一种分类方法之一共同组合成一项标准。例如，《地名 标志》是强制性的产品技术国家标准。

三、法律法规和标准的关系

法律法规和标准是管理市场经济有序运行的两种必备手段，两者之间不是割裂的、互不联系、互不相交的，而是在一定范围和一定领域中相互依存、相互渗透、相互交叉和相互支持的。一般来说，管理市场的法律、法规是由国家立法机关和政府制定的，标准是由经国家授权的标准化机构制定的。

在探讨法律法规和标准的关系时，主要从标准的强制性这个角度来研究。法律法规是人们必须遵守的，是强制执行的，那么标准和法律法规的关系怎样呢？下面用一个图来说明它们之间的关系。

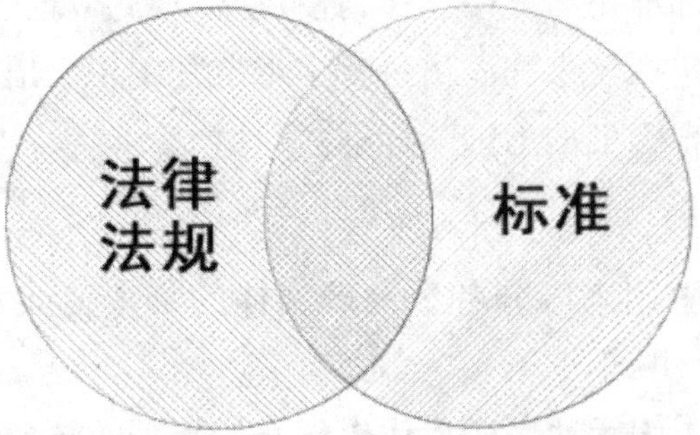

图1-1　法律法规和标准的关系图

上图中，相交部分既具有法律法规的性质，也具有标准的功能。具体指的就是《标准化法》中规定的“强制性标准”这种标准形式。从中可以看出，在我国“强制性标准”与法律法规的执行力度是一样的，都应强制执行。

按照如上之论述，《地名　标志》是强制性国家标准，所以这个标准在我国范围内，必须强制执行。

第二节　标准地名的基本知识

按照标准地名书写地名标志上的地名，是国家有关法规的规定，也是适应城市化、信息化和全球化的客观要求。因而，了解和掌握标准地名的相关知识是正确、科学、合理地设置地名标志的前提，是学习和理解《地名　标志》国家标准的基础。

一、基本概念

1. 标准地名

标准地名是根据国家有关法规，经标准化处理，并由有关政府机构按法定的程序和权限批准予以公布使用的地名。标准地名包括标准的书写形式和读音。非罗马字母地名的标准书写形式包括本国文字的标准书写和罗马字母的标准拼写。中国作为使用非罗马字母文字的国家，地名的标准书写形式包括汉字和汉语拼音字母，其中用汉语拼音拼写中国地名的方案已经联合国批准为国际标准。

2. **专名和通名**

专名是地名中用来区分各个地理实体的部分，如幸福大街的“幸福”、井冈山的“井冈”。

通名是地名中表示地名所指代地理实体类别的部分，在同类地名中具有相同的意义。如幸福大街的“大街”、井冈山的“山”。虽然通名具有指类性，但科学地划分地名的地理属性必须以地名所指代的地理实体的实际状况为依据，而不能简单地按通名来划分。

二、地名的语词结构

正确掌握、理解地名的语词结构是正确书写和拼写地名标志上地名的关键所在。

1. **“专名 + 通名”式**

这是一种通用的结构形式，能够较大限度地发挥地名的指位和指类功能，便于区别和识别不同位置、不同性质的地理实体。这种形式的地名较容易理解，此类地名的书写一般不会出现问题。

但是地名的结构形式，不全是“专名 + 通名”这种理想结构形式，还有以下这些特殊的结构形式，在设置和制作地名标志时要特别注意。

2. **通名省略式**

只有“专名”，而省略通名的构式，多数出现在聚落名称上，尤以自然村（屯）名称为多。如“东堡”、“三间房”等，都省略了通名。在制作地名标志时，不能单凭一个专名，盲目书写和拼写地名。

3. **通名专名化**

地名中的通名，失去指类作用，变为专名的一部分。如黑龙江省和武夷山市中的“江”和“山”，制作地名标志时，要明确这些地名中哪些是专名，哪些是通名。尤其像“辉县市”这类地名更应注意，“县”已经成为专名的一部分，而“市”才是通名。

4. 通名倒装式

一些地区受方言的影响，形成通名在前，专名在后的倒装式。在海南省这种情况较多。制作地名标志时，一定要注意这类地名的标准形式，要按照标准形式书写和拼写地名。

5. “专名+通名”重叠式

通常表现为两个或两个以上地名的复加。如“二道沟北屯”、“响水河西沟”等地名，都是两个地名的复加。制作地名标志时，一定要注意这类地名的书写和拼写，特别是罗马字母拼写的分写问题。

三、地名的标准化处理

设置标准地名标志，必须先对地名进行标准化处理，确保地名标志上的地名书写、拼写正确。

1. 汉语地名的标准化

（1）纠正一地多名和一名多写问题。根据当地通用程度确定一个作为标准名称，不仅要确定书写的标准形式，还要确定其标准读音（即普通话读音）。可根据现代汉语字典或词典进行定音正字，并注意不用错别字、繁体字和异体字等。

（2）解决重名问题。依据相关的管理法规中关于地名不重名的规定，区别处理。

2. 少数民族语地名的标准化

在少数民族语地名中，同汉语地名一样存在着一地多名、一名多写和重名等问题，可参照汉语地名标准化处理办法加以解决。对多民族聚居地区，各民族对同一地名称谓不一致的问题，可根据当地各民族的人口多少、历史情况、含义优劣以及通行程度等因素，进行综合分析，取其认同度高的作为标准名称。对有文字的少数民族语地名，要统一本民族文字的书写、汉字译写和罗马字母拼写；对于没有文字或习惯用其他民族文字的少数民族语地名，要统一汉字或其他民族文字的书写，进而统一罗马字母拼写。

第三节　设置标准地名标志的工作历程

地名标志，自古有之，历代的碑碣、匾额、牌坊，以及近代城市中的街巷牌、门牌等，都是一种地名标志。可以说，地名标志是伴随着地名的出现而出现的。但是在很长时间内，地名标志设置一直处于无统一规范的发展过程。这一时期，地名标志设置的对象主要集中在城镇、乡村等聚落。比较现代的且有记载的，而且尚存的地名标志就是民国时期的一些门地名标志和街巷地名标志，如下图所示。

图1－2　民国时期北京东四归属内三区的门地名标志

标准地名标志的设置工作，是在我国加强地名管理，大力推行地名标准化的基础上发展起来的。地名标准化是设置标准地名标志的前提，设置标准地名标志是推行标准地名社会化的一个重要途径，是地名标准化在实际工作中的延伸和拓展。概括说来，新中国设置标准地名标志工作的开展历程可以分为以下几个阶段：规范化探索阶段、规范化发展阶段和规范化纵深阶段。

图 1-3　民国时期的街巷地名标志

一、规范化探索阶段

进入 20 世纪 80 年代，随着地名管理工作的加强，我国地名标志进入了一个新的发展时期。1986 年 1 月国务院颁布的《地名管理条例》中的第十一条明确规定“地方人民政府应责成有关部门在必要的地方设置地名标志”。1986 年 5 月在河北省邢台市召开第三次全国地名工作会议，会议要求将地名基础性工作转向以地名管理为重点上来，并提出地名工作要直接为我国现代化建设服务，为改革开放服务。鉴于地名工作重点的转移，1987 年，我国开始在城乡广泛设置地名标志，并将地名标志的设置与管理作为全国地名管理工作的重点来抓，很多地方的地名标志，尤其是街、巷、门地名标志，都是在这一时期从无到有地设置起来。

1991 年 6 月在河北省邢台市再次召开全国地名管理工作会议。会议强调“要认真做好地名标志建设工作”，并强调指出“要加强城镇街巷名称和门牌管理，各级地名管理部门要会同公安、城建等部门制定有关管理规定，做到街巷名称和门牌标准化。全国城镇都要使用统一的标准名称和门牌号码，为城镇管理和两个文明建设服务”。会议还提出“地名标志标准化”的要求，尽管这一要求距我们今天地名标志标准化的实践还有相当的差距，但毕竟地名标志标准化已开始进入地名管理工作者的视野。

二、规范化发展阶段

随着全国地名标志设置的广泛开展，地名标志设置已成为各级地名管理部门的一项重要日常工作。但由于没有统一设置标准和规范，全国地名标志设置处于一种“非标准”的状况。这时设置的地名标志，更多地满足于从无到有，其结果是一个城市中的同类地名标志往往都不统一，全国更是如此。1995 年，民政部等四部联合布置了在全国国道两侧 500 米内村镇设置地名标志的任务，第一次在全国统一规格尺寸、统一式样地设置地名标志。自此，在全国规范化地设置地名标志工作正式拉开序幕。国道两侧设标工作于 1998 年底完成。

虽然在国道两侧和城镇中进行了大量设置地名标志的工作尝试，但是我国地名标志还存在文字书写混乱、标志产品科技含量低等不足。针对这一情况，地名管理和科研工作者提出制定地名标志的统一技术标准，按照工业产品生产、检验、营销的规律，走标准化管理的道路。以期根据我国标准化的理论和实践，运用国家已经建立起来的质量保证体系，从源头上解决这些问题。

1997 年 1 月国家质量技术监督局下达了制订《地名标牌　城乡》国家标准的计划。同年 12 月，国家质量技术监督局批准成立了全国地名标准化技术委员会，并委托民政部按照《全国专业标准化技术委员会章程》领导和管理全国地名标准化技术委员会。该委员会秘书处设在民政部地名研究所。

经过几年的努力，《地名标牌　城乡》国家标准完成了起草，并于 1999 年 10 月 1 日开始实施。该标准对街牌、巷牌、楼牌和门牌等四种类型地名标志的尺寸、颜色、书写、材质、质量分别作了详细规定，对标牌的外观、检测、包装作了规定。该标准的颁布实施，标志着我国地名标志管理工作由单纯地行政管理步入法制管理的新阶段，也标志着全国地名标志设置工作正式步入规范化、科学化的发展新阶段。

为了贯彻执行《地名标牌　城乡》国家标准，规范我国地名标志的设置和管理，推动我国地名标准化进程，以适应改革开放和社会主义现代化建设的需要。2000 年 3 月民政部、交通部、国家工商总局、国家质量技术监督局联合下发了《关于在全国城市设置标准地名标志的通知》，决定用 5 年的时间在全国城市设置标准地名标志（即街、巷、楼、门牌）。地名标志的内容、规格和材料按照 GB 17733.1 — 1999《地名标牌　城乡》强制性国家产品标准执行。

2000 年 9 月，在河北省石家庄市召开了“全国城市地名标志设置工作现场会议”，会上介绍了河北省和新疆维吾尔自治区城市地名设标试点经验，并在石家庄市进行了现场观摩，城市标准地名设标工作在全国正式启动。

为了保证 5 年城市设标工作的顺利实施，民政部多次召开全国性的组织协调、经验交流会议，并多次下发通知，为设标工作提供政策依据。

（1）2000 年 10 月，民政部办公厅《对四川省民政厅〈关于门（楼）牌编制管理权属有关问题的紧急请示〉的答复》。

（2）2001 年 4 月，民政部办公厅《民政部办公厅关于认真做好地名标志设置管理工作的通知》。

（3）2001 年 5 月，民政部、国家质量监督检验检疫总局《对执行国家标准〈地名标牌　城乡〉中有关问题请示的复函》。

（4）2002 年 12 月，民政部、国家标准化管理委员会《关于开展全国城市标准地名标志设置检查验收工作的通知》。

（5）2003 年 5 月，民政部办公厅《关于转发河北省人民政府关于进一步规范使用汉语拼音拼写标准地名的通知》。

（6）2003 年 6 月，民政部全国地名标志设置管理工作办公室《关于印发〈全国城市标准地名标志设置检查验收工作方案〉的通知》。

（7）2004 年 12 月，民政部办公厅《关于加强地名标志产品质量监督管理的通知》。

2002 年 12 月，民政部在辽宁省沈阳市召开全国地名标志设置管理工作暨经验交流会，全面总结前一阶段的设标工作，分析面临的形势和存在的问题，提出在全国全面推开城市地名设标工作的要求。会后，绝大多数省、自治区、直辖市召开了本地区设标工作会议，对这一工作进行专题部署，加快城市设标工作步伐。

2004年4月，民政部在山东省济南市召开全国地名工作会议。会议明确提出了新时期地名工作重点由行政管理转向公共服务，同时要求各级地名主管部门要进一步解放思想，更新观念，创新思路，打好城市地名设标工作的攻坚战，并就有关工作作出具体部署。

2005年上半年，全国城市地名设标任务圆满完成，据不完全统计，全国661个城市共设置街、路、巷牌和楼门牌等标准地名标志约5300多万块，这些地名标志，从外观上看，或简洁质朴，或新颖美观，矗立于全国城市的各个街区，方便了广大人民群众的生产与生活。原来城市中存在的有路无名、有名无牌、标志不清、导向紊乱的混乱局面得到了改变，形成了较为完善的城市地名标志体系，城市的公共服务功能得到进一步完善，公共管理水平得到进一步提升。

三、规范化纵深阶段

城市设标工作完成以后，全国标准地名标志设标工作并没有停止脚步，而是向着纵深化方向发展，主要表现在以下几个方面。

1. 启动“地名公共服务工程”并开展“县乡镇地名设标”工作

2005年，全国城市地名设标完成后，民政部抓住机遇，及时启动了“地名公共服务工程”。该工程得到党和国家领导人高度重视，回良玉副总理作出重要批示，明确指出：“随着经济社会发展和城镇化推进，加强地名管理和服务的重要性和必要性日益凸显。赞同以人为本，统筹安排，健全制度，规范管理，因地制宜，合力推进。”为了贯彻落实回副总理的指示精神，全面推进“地名公共服务工程”，民政部于2005年5月12日召开了全国地名公共服务工程视频会议。在会上，民政部李学举部长和罗平飞副部长对该工程中的标准地名标志设置工作做出重要指示。罗平飞副部长指出“各地在完成城市地名设标工作的基础上，要及时启动县乡镇地名设标工作，用5年时间完成，做到全国城乡都有符合标准、有足够数量、便于公众使用的地名标志。建立比较完善的城乡系列地名标志，完善地名标志服务体系。”该工程的提出，是设置标准地名标志工作进入规范化纵深阶段的标志。

为进一步加强标准地名标志设置工作的管理，民政部全国地名标志设置管理工作办公室于2006年12月7日印发了《地名标志管理试行办法》。

2. 深化理论研究，制定相关标准

在2005年城市设标工作结束之前，地名管理和科研工作者就未雨绸缪地对设置标准地名标志工作进行深入研究。2002年，民政部地名研究所启动了“全国地名导向系统工程”课题研究工作，对全面设置地名标志，建立地名导向系统，完善地名信息查询等工作，进行了深入的理论研究。2004年，“全国地名导向系统工程”课题圆满完成。该课题提出了“地名导向系统”的新概念，具体内容是“将具有地名意义的地理实体进行科学分类后，按照有关标准的要求，以标准化的形式设计和设置地名标志，通过各个层次、不同类型的地名标志之间的有机联系，形成地名标志体系，通过各个地名标志的指位功能和相互位置关系，产生导向链的功能；在此基础上，建立配套的虚拟导向系统，实现地名信息化管理、路线模拟和即时查询等功能”。该研究项目厘清了建立地名导向系统中各个环节的关系，为设置标准地名标志工作向纵深发展提供了重要的理论依据。

针对《地名标牌　城乡》国家标准规定内容单一（只包括街、路、巷、楼、门的地名标志），标志种类不全；标志间导向功能缺失，不能很好地发挥导向链作用的现状。全国地名标准化技术委员会向国家标准化管理委员会提出修订《地名标牌　城乡》国家标准的申请。2002年，民政部接到国家标准化管理委员会下达的涉及修订《地名标牌　城乡》国家标准工作的通知（《关于下达〈2002年制修订国家标准项目计划〉的通知》），修订后的名称改为《地名　标志》，该标准已于2008年批准发布。

3. 构建地名标志系列标准，完善地名标准体系平台

为了适应加入 WTO 的要求，满足参与国际竞争的需要，中国正在建立标准体系。根据国家标准化管理委员会的要求，民政部于 2006 年提出："逐步建立健全重点突出、科学合理，强制性标准与推荐性标准定位准确，国家标准、行业标准相互协调，基础标准、方法标准、设施标准、产品标准、服务标准、管理标准、工作标准、安全标准、卫生标准、环保标准配套，与国际相关标准体系基本接轨，能支撑民政事业发展的标准体系。"

地名标准体系是民政标准体系的一个重要部分，地名标准体系层次结构如下图所示。地名标志系列标准是地名标准体系一项主要内容。地名标志系列标准包括：《地名标志　术语》、《地名标志　分类》、《地名标志　现场验收要求》、《地名标志　用电设备安全技术要求》、《地名标志　环保规范》、《地名标志　生命周期评价技术规范》、《地名标牌　城乡》、《地名标志　图形符号》、《公共设施用地名标志》、《社区用地名标志》、《乡村用地名标志》、《地名标志用立柱》、《长余辉蓄光地名标志》、《反光地名标志》、《发光二极管（LED）地名标志》、《电子盲用地名标志》、《语音盲用地名标志》、《地名标志用反光膜》、《地名标志用长余辉蓄光膜》、《地名标志用长余辉蓄光粉》、《地名标志用油墨》、《地名标志用金属基板》、《地名标志用高分子基板》、《地名标志太阳能供电系统通用技术规范》、《地名标志年度现场检测试验方法》、《地名标志废弃条件和检测方法》、《水下用地名标志技术规范》、《地名标志钢构件防腐技术条件》、《地名标志用刻字机》、《地名标志用附膜机》、《地名　标志》等 31 个标准。

可以设想，随着这些标准的起草发布，以及地名标志标准体系不断完善，必将对保障标准地名标志设置工作顺利开展，提高各级民政部门科学、合理、规范地设置地名标志的能力，保证地名公共服务工程顺利开展产生深远影响。

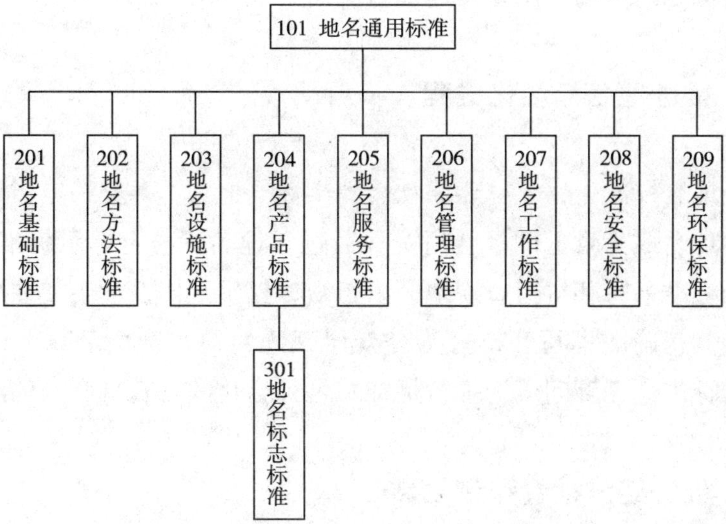

图 1－4　地名标准体系层次结构图

第四节　设置标准地名标志的意义

地名是传递和表达信息的基本要素，地名标志是地名发挥其功效的重要途径之一。随着工业化、城市化、信息化和经济全球化进程的加快，国内外各种经济社会活动越来越频繁，社会交往飞速发展，对地名标志的需要越来越广泛。因而，做好地名标志设置工作，具有非常重要的意义。

一、方便人们生产生活

人们生产生活的各个环节都需要地名标志。地名标志是人们出行的向导，没有标准地名标志的指向，很难顺利到达目的地。特别是在城乡建设日新月异、市场经济迅速发展的今天，国内外经济运行速度明显提高，经济活动节奏日渐加快，从天空到陆地、从现实到网络，各种交流交往活动的深度与广度、频率与空间都有了前所未有的扩大。这种情况下，地名标志的导向作用显得越加地突出。

二、推进地名标准化进程

推行地名标准化，就是要向社会提供标准地名，并经约定俗成，使使用标准地名成为自觉的社会行为。通过在地名标志上标示标准地名，将地名的标准书写和拼写直观地公布于众，提供人们在社会交往中反复使用，使其正确的书写和拼写为公众所熟悉，被社会所公认。由此看来，地名标志毫无疑问成为推行标准地名社会化的最直接有效的途径。

三、促进经济社会和谐发展

和谐社会的建设，社会经济的各个方面必须相互协调发展。地名标志的设置作为一项重要的基础设施建设，如果长期滞后于经济社会的整体发展水平，必将在一定程度上阻碍经济社会的快速发展。所以，地名标志的设置必须跟上经济社会的发展步伐，使其能够适应社会发展的需要。

当然，设置标准地名标志的意义还可以从其他方面讲得很多，但我们认为从大的方面讲，以上三点是最基本的，也是较为重要的，是我们设置地名标志意义的根本所在。

第二章 标准封面、前言和引用文件

《地名 标志》国家标准包括封面、目次、前言、正文和附录五个部分，其中正文主要包括规范性引用文件、术语和定义、分类、要求、试验方法、检测规则、包装七个部分。本章首先介绍标准的封面、前言以及规范性引用文件这三部分。

第一节 封 面

一个国家标准的封面十分重要，它传递着识别本标准的所有关键信息。标准封面主要提供以下诸多信息：

——标准的类别；

——标准的标志；

——标准的编号；

——被代替标准的编号；

——国际标准分类号（ICS 号）；

——中国标准文献分类号；

——标准的中文名称；

——中文名称对应的英文名称；

——与国际标准一致性程度的标志；

——标准的发布日期和实施日期；

——标准的发布部门或单位。

一、标准名称

标准名称是构成标准的重要组成部分之一，任何标准都必须有标准名称。标准名称是我们识别标准的最直接信息，它在标准封面上处于居中位置。标准名称包括中文名称和英文名称。

1. 中文名称

标准的中文名称应在标准封面的居中位置标明。本标准的中文名称是：地名　标志。

一个标准的名称应是对标准的主题最集中、最简明的概括。标准名称可直接反映标准化对象的范围和特征，也直接关系到标准信息的传播效果，标准名称还是读者使用、搜集和检索标准的主要判断依据。

标准名称由引导要素、主体要素和补充要素组成。这三个要素在名称中的顺序由一般到特殊，即引导要素 + 主体要素 + 补充要素。

（1）引导要素：表示标准所属的领域。如果标准有归口的标准化技术委员会，则可用技术委员会的名称作为依据来起草标准名称的引导要素。引导要素是一个可选要素，可根据具体情况决定标准名称中是否有引导要素。

因为本标准的归口单位是全国地名标准化技术委员会，所以本标准采用“地名”作为引导要素。

（2）主体要素：表示在“引导要素”领域内所要论述的主要对象。它是一个必备要素，即在一个标准名称中必须有主体要素。

因为本标准规定的是“地名”领域内设置的“标志”方面的内容，所以本标准的主体要素是“标志”。

（3）补充要素：表示“主体要素”的某一特定方面，或给出区分该标准与其他标准的细节，该要素也是一个可选要素。因为本标准规定的是地名标志的术语和定义、分类、要求、试验方法、检验规则和包装等，基本上包含地名标志的所有方面。本标准也不存在与其他标准区分的情况，所以本标准没有补充要素。但是由于本标准中对地名标志某些部分规定得过于概括，故随着技术的发展和地名标志管理的需要，特别是人们认知水平的不断提高，必将会有其他标准补充本标准，如地名导向标志、地名标志支撑装置等方面的标准。

2. 名称的变更

本标准制定的依据是，国家标准化管理委员会《关于下达〈2002年制修订国家标准项目计划〉的通知》（国标委计划［2002］41号）中的20020029－Q－314号项目。该项目规定的标准名称是《地名 标志 居民地》，本次修订将名称改为《地名 标志》。名称的变更，是根据国家标准化管理委员会国家标准和计划项目清理工作要"建立先进科学、适应社会主义市场经济体制的标准体系，充分发挥国家标准在国民经济战略性结构调整、促进对外贸易和提高人民生活水平方面的技术支撑作用"的指导思想，同时考虑原名称只是将居民地地名标志纳入标准体系，具有一定的局限性，对于国务院《地名管理条例》中规定的地名管理的其他一些对象，诸如山、河、湖、海等自然地理实体名称，各级行政区域名称，名胜古迹、纪念地、游览地等的名称，理应纳入标准。从而使上述的自然地理实体、各级行政区域、纪念地和旅游地等的地名标志的生产、流通、使用和监督检验等一系列工作有据可依。

在2004年11月由全国地名标准化技术委员会秘书处组织召开的国家标准评审研讨会上，与会专家一致认为，扩大地名标志国家标准涵盖的种类是非常必要的。专家们建议：将《地名 标志 居民地》更名为《地名 标志》，这样才能基本涵盖地名标志的种类。因此，将本标准的名称更改为《地名 标志》。

3. 英文名称

为了便于国际贸易和对外技术交流，在国家标准和行业标准封面上除了要有标准的中文名称外，还应在中文名称之下给出其对应的英文名称。目前，许多国家如日本、德国、法国、俄罗斯等都在本国标准上书写标准名称对应的英文名称。

英文名称的编写要求如下：

（1）英文名称应尽量从相应国际标准的名称中选取；在采用国际

标准时，最好采用原标准的英文名称。应根据标准化对象的范围，使英文名称的引导要素、主体要素和补充要素名副其实。

（2）不必直译标准的中文名称而得到其英文名称。

（3）标准的英文名称尽量避免使用“of”、“on”等连词。

地名标志没有对应的国际标准，所以无须考虑与国际标准协调一致。“地名标志”的英文是“sings of geographical names”，这个词语简洁明了，比较适合作为标准的英文名称，同时考虑到“尽量避免使用‘of’、‘on’等连词”方面的因素，本标准的英文名称最终确定为“Geographical names - Signs”。

二、封面中的其他信息

1. 标准类别

标准封面应标明标准的类别，以此确定该标准是国家标准、行业标准、地方标准，还是企业标准。本标准封面上部居中位置写明“中华人民共和国国家标准”，表示本标准是国家标准。

2. 标准编号

标准封面中标准类别的右下方是标准编号，标准编号由标准代号、顺序号和年号三部分组成。不同类型标准的代号见表2－1。标准的编号由标准的批准或发布部门给出。本标准编号的解释见图2－1。

表2－1　不同类型标准代号对照表

标准类型	代号
国家强制性标准	GB
国家推荐性标准	GB/T
行业强制性标准	××（因行业而异，如民政为MZ）
行业推荐性标准	××/T（因行业而异，如民政为MZ/T）
地方标准	DB××（××为省级单位行政区划代码前两位数，如北京为11）
企业标准	Q/××（××为企业代号，由企业自行确定）

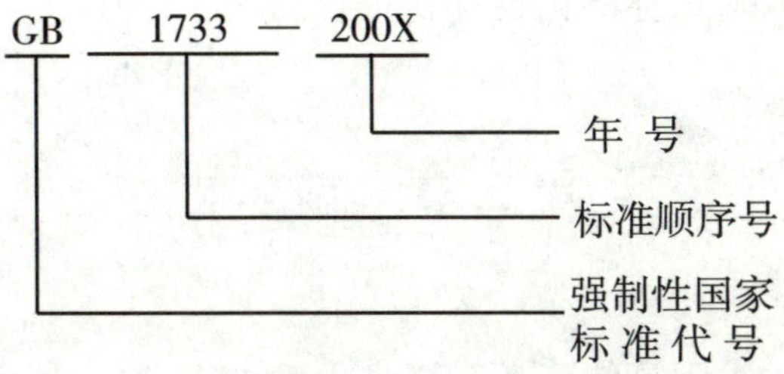

图 2－1 《地名 标志》国家标准编号

3. 标准标志

在本标准的右上角，有一个“GB”的标志，表示本标准的性质是强制性国家标准。

4. 被代替标准的编号

本标准代替 GB 17733.1 — 1999《地名标牌 城乡》国家标准，所以在标准编号之下，另起一行标明被代替标准的信息，即被代替的标准编号“GB 17733.1 — 1999”。

5. 国际标准分类号

为了满足标准信息的交换，实现我国标准文献分类工作与国际接轨，国家标准、行业标准和地方标准应在其封面的左上角标注国际标准分类号（International Classification for Standards，ICS），ICS 号由国际标准化组织编制。本标准的 ICS 号是：01.040.03。

6. 中国标准文献分类号

在国际标准分类号的下面，应标明中国标准文献的分类号，即一级类目和二级类目编号。分类号的选择应符合《中国标准文献分类法》的规定。本标准的文献分类号是：P50。

7. 标准的发布和实施日期

标准的发布和实施日期由标准的审批部门在发布标准前确定，并标示在标准封面的下方。本标准于 2008 年 4 月 23 日发布，2008 年 8 月 1 日实施。

8. 标准的发布部门或单位

目前国家标准的发布部门是“中华人民共和国国家质量监督检验

检疫总局和中国国家标准化管理委员会”。

第二节 前 言

标准前言的作用是使读者对标准内容获得总体认识，并为主体部分展开作准备。前言是资料性的概述要素，每一标准都应有前言。本标准的前言包括特定部分和基本部分。

一、前言的特定部分

本标准前言的特定部分给出标准的一些重要信息，包括标准与前一版本的关系、与标准前一版本的重大技术变化以及附录的性质等。

1. 与前一版本的关系

标准发布后，与其先前版本存在着两种关系：代替先前版本或废除先前版本。

（1）代替先前版本。这种情况下，并不意味着先前版本作废。其先前版本在下述情况下还可继续使用：

——其他标准中已经注日期引用的先前版本；

——合同或协议中已经注日期引用的先前版本；

——新签订的合同或协议，经双方商定同意使用先前版本。

当然无论任何情况下，都鼓励使用标准的最新版本。

（2）废除先前版本。这种情况下，所废除的先前版本不能再继续使用。这样，新制定的标准或新签订的合同就不允许引用先前版本了，已经引用先前版本的标准或合同应对标准或合同进行修改。

（3）本标准与前一版本关系的说明。本标准是对 GB 17733.1 —1999《地名标牌　城乡》国家标准（本章中有时称原标准）的修订，是代替《地名标牌　城乡》国家标准。那么什么情况下还可以继续使用《地名标牌　城乡》国家标准呢？我们结合前述的三种情况加以说明。

第一种情况，《地名　标志》国家标准与其前版本《地名标牌　城乡》国家标准相比，主要是地名标志的类型由街、巷、楼、门四类地名标志扩大为基本涵盖《地名管理条例》中规定的地理实体的地名标志。某一采用了注明发布日期的《地名标牌　城乡》国家标准的企业标准或地方标准，如果只是用于制作街、巷、楼、门地名标志，还可以继续使用原标准；如果还要制作其他类型地名标志时，则不能继续使用原标准。

第二种情况，在本标准发布前已经签订制作地名标志的合同，而且协议或合同中有“按照《地名标牌　城乡》国家标准执行”的描述，还可以继续使用《地名标牌　城乡》国家标准。

第三种情况，在本标准发布后，在制作街、巷、楼、门四类地名标志时，也可以根据实际情况，在不与本标准冲突，且不影响本标准执行的前提下，继续使用原标准。比如，原标准中规定街地名标志的尺寸规格是“（1200～1700）mm×（300～500）mm”，而本标准中规定街地名标志的尺寸规格是“（1200～1700）mm×（300～700）mm”。原标准的尺寸规格要求符合本标准的要求，在签订协议或者合同时，设标部门也可以按照原标准的要求执行。

2. 与前一版本的重大技术变化

本标准与原标准相比，存在的变化主要包括：

（1）型号与代号。《现代汉语词典》中对“型号”的解释：机械或其他工业制品的性能、规格和大小。原标准规定了地名标志型号这部分内容，其主要作用在于用“DP”标明产品是“地名标牌”，用“J、X、L、M”分别标明产品是“街牌、巷牌、楼牌、门牌”，用“B”标明“街、巷牌背景色是蓝色，且该街、巷为东西走向”，用“G”标明“街、巷牌背景色是绿色，且该街、巷为南北走向”。但是，标准中是否规定产品的型号还要考虑以下三方面因素：第一，是否具有共同性质，找到产品某一方面共性，通过这一共性来确定产品的型号，并且按照这一共性对产品进行分类时，能够非常清晰地将已知该产品的所有类型划分出来；第二，是否具有简便性，用型号表示产品，就是为了方便人们使用，如果使用型号后，人们感到并不方便，反而会使产品的生产、流通、使用和监督检验等过程变得更加烦琐，那么型号就失去存在的意义；第三，是否具有唯一性，即一个产品型号只代表一种产品。

本标准中，地名标志按照所标示的地理实体类型不同可以划分为自然地理实体地名标志和人文地理实体地名标志。自然地理实体地名标志包括海域地名标志、水系地名标志和地形地名标志，这三类地名标志下每类还可以分出十几种。人文地理实体地名标志也存在这种情况。按照此种方式分类来确定型号，虽然可以找到“共性”，但是无法实现“简便性”和“唯一性”，所以不宜从这个角度来确定地名标志产品的型号。

地名标志按照设置方式不同可以分为立柱式地名标志、悬臂式地名标志、附着式地名标志和碑碣式地名标志等。按照此种分类方式可以确定出产品的型号，能够实现“共性”和“唯一性”，但是按照这种方式确定的型号非常宏观，无法实现“简便性”。也不宜从这个角度确定地名标志产品的型号。所以，本标准没有规定地名标志的型号这部分内容。

代号是解释说明型号各部分含义的，没有型号，代号也就失去存在的意义，所以本标准也没有规定代号这部分内容。

（2）分类。《地名标牌　城乡》国家标准只对城乡地名标志（街、巷、楼、门）进行规定，而对于《地名管理条例》中涉及的其他类型的地名标志，并未进行规定，这使一些公众急需使用的重要地名标志找不到遵循的标准。

本次修订，对国家标准涵盖的范围进行扩充，本标准中的地名标志包括人文地理实体地名标志和自然地理实体地名标志。其中人文地理实体地名标志包括：居民地地名标志、行政区域地名标志、专业区地名标志、设施地名标志、纪念地和旅游地地名标志；自然地理实体地名标志包括：海域地名标志、水系地名标志、地形地名标志。原国家标准中的街、巷、楼、门地名标志是居民地地名标志的一部分。

（3）要求。在本标准的要求一章中，规定了地名标志的设置、版面内容、版面布局、颜色、尺寸规格、外观和基本性能。各部分规定内容概要见下表。

表 2-2 《地名 标志》国家标准中要求部分内容概要

项目	规定内容
设置	安全要求、设置方式、设置高度和设置密度
版面内容	文字、图形符号、指示方向信息和邮政编码等内容
版面布局	文字、图形符号、指示方向信息和邮政编码等在标志上的位置
颜色	各种类型地名标志的背景颜色和文字颜色
尺寸规格	各种类型地名标志的图文书写平面和外沿等的尺寸
外观	立柱式、悬臂式、附着式地名标志的外观要求
基本性能	立柱式、悬臂式、附着式地名标志的基板、耐盐雾腐蚀、耐湿热、耐高温、耐低温、耐候性、辐射和抗冲击等性能要求

同时，随着科学技术的进步，一批新技术、新工艺和新材料也逐步应用到地名标志领域。为此，本次修订对按照生产工艺划分的地名标志的产品类型进行扩充，扩充为反光地名标志、长余辉蓄光地名标志、LED 地名标志、金属腐蚀地名标志等，并且规定这些地名标志产品的特殊性能要求。

具体讲，与《地名标牌 城乡》国家标准相比，修改了地名标志的颜色、尺寸规格和外观的要求（本版的 5.4、5.5、5.6；1999 版的 5.2、5.4、5.5）；删除了版面、书写的要求（1999 版的 5.1、5.3）；增加了地名标志的设置、版面内容、版面布局的要求（本版的 5.1、5.2、5.3）；修改了地名标志的基本性能要求（本版的 5.7；1999 版的 5.6.1、5.6.2、5.6.3、5.6.4、5.6.5），修改了反光地名标志和长余辉蓄光地名标志的特殊性能要求（本版的 5.8.1、5.8.2；1999 版的 5.6.6、5.6.7），删除了电致地名标志的特殊性能要求（1999 版的 5.6.8），增加了 LED 地名标志、金属腐蚀地名标志以及碑碣式地名标志的特殊性能要求（本版的 5.8.3、5.8.4、5.8.5）；增加了地名标志的支撑装置、地名导向标志、外置照明器材的要求（本版的 5.9、5.10、5.11）。

（4）试验方法。在试验方法一章中，修改了外观检查试验方法（本版的 6.2；1999 版的 6.1）、耐盐雾腐蚀性能试验方法（本版的 6.3；1999 版的 6.3.4）、耐湿热性能试验方法（本版的 6.4；1999 版的 6.3.5）、耐候性能试验方法（本版的6.7；1999版的6.3.2）、辐射性能试验方法（本版的6.8；1999版的6.2）、抗冲击性能试验方法（本版的6.9；1999版的6.4）、长余辉蓄光地名标志亮度测试方法（本版的6.10；1999版的6.2），增加了试样制备（本版的6.1）、耐高温性能试验方法（本版的6.5）、耐低温性能试验方法（本版的6.6）、LED地名标志的亮度和电气安全性能试验方法（本版的6.11）、试验报告（本版的6.12）。

3. 附录的性质

在前言中，对标准所有附录的性质应进行说明，明确指出哪些附录是规范性附录，哪些附录是资料性附录。

前言中，对本标准所有附录的性质描述如下：

——增加了规范性附录“汉语拼音字母字样和阿拉伯数字字样”（见附录A）；

——增加了资料性附录“地名标志版面示例”（见附录B）；

——增加了规范性附录“地名标志长余辉蓄光粉的要求”（见附录C）；

——增加了规范性附录“地名标志长余辉蓄光膜的要求”（见附录D）。

本标准的附录A、附录C、附录D为规范性附录，附录B为资料性附录。

二、前言的基本部分

前言的基本部分依次给出了标准的提出单位、批准单位、归口单位、起草单位、起草人和标准历次版本发布情况六项信息。

1. 标准的提出单位

标准的提出单位也就是提案建议起草该项标准的单位、标准化技术委员会或行业主管部门。本标准由地名标志的行业主管部门——中华人民共和国民政部提案建议起草，故本标准的提出单位是中华人民共和国民政部。

2. 标准的批准单位

并不是任何一项标准在前言中都需要给出标准的批准部门，只有在标准的批准部门与标准的发布部门不一致的情况下，才应在前言中给出标准的批准部门。由于本标准的批准部门与标准的发布部门一致，故无须在前言中提及。

3. 标准的归口单位

标准的归口单位可以理解为负责标准起草、审查的全国专业标准化技术委员会或标准化技术归口单位。本标准由全国地名标准化技术委员会归口。

4. 标准的起草单位

标准的起草单位即标准的具体编制单位。共有十二个单位参加本标准的编制，这些单位的名称在标准的前言部分已经详细列出，此处不再赘述。

5. 标准主要起草人

标准属于科技成果，在标准中署主要起草人的姓名，是对在标准编制工作中发挥重要作用人员的尊重。同时也可以加强标准起草人的责任感，更有利于对标准技术问题的解释、咨询，便于标准起草人与使用者之间的联系，使标准贯彻中的具体问题得以尽快处理和解决。

6. 标准的历次版本

这项信息是一项十分重要的信息，它可以让标准使用者对标准的发展及变化情况有一个全面的了解，也给标准今后的修订工作提供方便，使参加标准修订工作的人员能够准确地掌握标准各版本发布的情况。

本标准从首次发布到现在，只进行了一次修订，故在前言中对这部分的描述较为简单，具体内容是“本标准于1999年首次发布，本次为第一次修订”。

第三节　规范性引用文件

标准的规范性引用文件是可选要素，一个标准可以有规范性引用文件，也可以没有。如果一个标准是原创性的，没有任何标准可以引用，那么这个标准就可以没有规范性引用文件。本标准引用了一些标准和国家相关文件，故在标准第二章“规范性引用文件”中列出这些引用文件。

一、规范性引用文件的作用

保证“标准间的协调性”是起草标准所要遵循的基本原则之一，编写“规范性引用文件”一章就是满足协调性的重要方法。简而言之，在起草一个标准的过程中，会出现一些需要在标准中规定的内容在其他现行标准或者文件中已经有所规定，并且通过研究证实这些现行的标准或文件的内容适用于正在起草的标准，这时最好的方法是将这些现行的标准或文件引用过来。引用时，在标准中不再重复抄录这些引用文件中的具体内容，而是采用引用这些标准或文件中特定条文的方法。这样，一方面，通过引用现行标准或文件的特定条文，能够大大缩短标准的篇幅；另一方面，也可以避免由于抄写产生错误或者矛盾，影响标准的协调性。

在使用一个有规范性引用文件的标准时，只有该标准的文本是不能正常使用该标准的，应将标准中规范性引用的文件准备好，才能无障碍地使用这个标准。否则，在涉及引用其他文件的特定部分时，由于没有具体的文字内容，使用者就会束手无策。因此，为了方便人们使用，在制定《地名　标志》国家标准时，将标准中引用的16个标准和2个国家发布的文件挑选出来，并且清晰地列在第二章中，标准使用者可以一目了然地了解到还需准备的文件。

二、规范性引用文件的形式

标准的规范性引用文件有两种形式，一种是注日期的引用，另一种是不注日期的引用。在规范性引用文件这章的开始，通常有如下描述：下列文件中的条款通过本标准的引用而成为本标准的条款。凡是注日期的引用文件，其随后所有的修改单（不包括勘误的内容）或修订版均不适用于本标准，然而，鼓励根据本标准达成协议的各方研究是否可使用这些文件的最新版本。凡是不注日期的引用文件，其最新版本适用于本标准。

刚刚接触标准的人，往往不知上述绕口的描述所云何意，如何理解这段描述呢？下面不得不将有关“注日期的引用文件”和“不注日期的引用文件”方面的知识加以灌输，了解了这方面知识，相信对上述文字的描述会有一种云开雾散的感觉。

1. 注日期的引用文件

使用注日期的引用文件，原则上引用该文件的标准不随着该文件的修订而改变，也就是所引用文件被修订后的修订版，或者修改单不能自动适用于引用它的标准。这是因为新的文件中的相应内容不一定适用于引用它的标准。由于对新文件是否适用还存在疑虑，因此，在这种情况下，最好使用注明日期引用这种形式。

当然这些也不是一成不变的。当使用注日期的方式引用文件后，随后如果引用文件有修改单或修改版，经过标准起草单位的研究，认为该修改版或修改单适用于引用它的标准，这时也可以采用如下方法将相应的修改版或修改单纳入到标准中来：第一，发布引用的有关文件的标准修改单；第二，修订引用的有关文件的标准。

2. 不注日期的引用文件

不注日期引用文件意味着所引用的文件无论如何更新，其引用文件的最新版本都适用于引用它的标准。

在编写标准时，如果要使用不注日期引用文件的方式，就要对所引用的文件的内容进行充分的研究，确保文件的内容今后无论如何修改都适用于该标准。同样，这些也不是一成不变的，因为对于有些引用文件，由于其重要性、广泛性等方面的原因，必须以不注日期的方式引用。但是标准编写人员又无法确保这些文件是否真的始终适用于本标准，所以当以不注日期方式引用的文件发生修改后，标准负责起草部门要认真研究文件修改的内容，对修改后的内容是否适用于本标准做出判断。如果发现修改后的内容不适用于本标准，这时就要采用如下方法进行处理：第一，发布引用的有关文件的标准修改单；第二，修订引用的有关文件的标准。

三、《地名　标志》国家标准中规范性引用文件的形式

《地名　标志》国家标准第二章中所列的标准绝大多数采用不注日期的引用形式，其原因有以下几方面：

（1）一些标准涉及与国内国际通用的需要，必须与国内国际现状保持一致。这其中包括：GB 191《包装储运图示标志》、GB/T 6543《瓦楞纸箱》、GB/T 7284《框架木箱》、GB/T 9174《一般货物运输包装通用技术条件》、GB/T 10001（所有部分）《标志用公共信息图形符号》、GB/T 12464《普通木箱》。

（2）涉及环境保护和人身安全方面的，必须与国内国际现状保持一致，这样才能保证地名标志产品的环保安全性能符合相应的要求。这其中包括：GB/T 2423. 10《电工电子产品环境试验　第2部分：试验方法　试验Fc和导则：振动（正弦）》、GB 7000. 1《灯具一般安全要求与试验》、GB/T 17136《土壤质量　总汞的测定　冷原子吸收分光光度法》、GB/T 17137《土壤质量　总铬的测定　火焰原子吸收分光光度法》、GB/T 17141《土壤质量　铅、镉的测定　石墨炉原子吸收分光光度法》。

（3）一些标准是权威部门发布的，非常重要，应用很广，故最好与这些权威部门保持一致。这其中包括：GB/T 1720《漆膜附着力测定法》、GB/T 1732《漆膜耐冲击性测定法》、GB/T 1733《漆膜耐水性测定法》、GB/T 11185《漆膜弯曲试验（锥形轴）》。

由于本标准引用GB/T 18833－2002《公路交通标志反光膜》中某些特定条款，按照标准起草的相关规定，必须采用注日期的引用方式。

《地名　标志》国家标准中还引用了两个已经批准发布的现行文件：1976年6月由国家测绘总局和中国文字改革委员会联合发布的《少数民族语地名汉语拼音字母音译转写法》，1984年12月由中国地名委员会、中国文字改革委员会和国家测绘局联合发布的《中国地名汉语拼音字母拼写规则（汉语地名部分）》。

四、与国际标准一致性程度的描述

在规范性引用文件这一章，当引用的我国标准与国际标准有对应关系时，应在“规范性引用文件”一章所列的我国标准名称后面描述出与国际标准的一致性程度。

1. 一致性程度分类

我国标准与国际标准的一致性程度主要有以下几种类型：idt（等同采用）、eqv（等效采用）、neq（非等效采用）。

2. 描述方式

（1）如果该规范性引用文件是注日期的引用。只要在国家标准后面的圆括号中以“采标代号（小写字母）+国际标准编号”的形式给出即可。

（2）如果该规范性引用文件是不注日期的引用。要在“（1）”中所述部分的前面增加我国标准的发布时间的编号，两个标准编号之间用“,”分开。这样的目的在于：明确我国哪一版本的标准与国际标准有一致性程度。由于一致性程度是针对具体版本而言的，也就是要指明我国的某年发布的某一标准与某年发布的某一国际标准有一致性程度。

3. 本标准中规范性引用文件与国际标准一致性程度的描述

《地名　标志》国家标准没有对应的国际标准，故本标准本身不存在与国际标准一致性程度的描述。但是本标准中部分规范性引用文件存在对应的国际标准，这里把本标准中规范性引用文件与国际标准的对应情况作以介绍。

（1）GB 191—2000《包装储运图示标志》等效采用ISO 780：1997标准。ISO 780：1997的名称是《包装——搬运图示标志》，由ISO/TC 122包装技术委员会制订的。

（2）GB/T 1732—1993《漆膜耐冲击性测定法》非等效采用ГОСТ 4765：1973标准。GB/T 1733—1993《漆膜耐水性测定法》非等效采用ГОСТ 9.403：1980标准。

（3）GB/T 2423.10—1995《电工电子产品环境试验　第2部分：

试验方法　试验 Fc 和导则：振动（正弦）》等同采用 IEC 60068－2－6：1982《抗振动标准》标准。

（4）GB 7000.1—2002《灯具一般安全要求与试验》等同采用 IEC 60598－1：1999《照明装置》标准。

（5）GB/T 11185—1989《漆膜弯曲试验（锥形轴）》等效采用 ISO 6860：1984《涂料和清漆　弯曲试验（锥体心轴）》标准。

（6）GB/T 12464—2002《普通木箱》非等效采用 JIS Z 1402：1999 标准。

五、规范性引用文件更改后的处理方法

由于《地名　标志》国家标准只涉及规范性引用标准更改后如何处理，所以这里我们以规范性引用标准为研究对象，来探讨这个问题。

一般而言，规范性引用标准本身都有可能出现被修改的现象，甚至有的标准出现被废除的情况。出现这些情况后，如何处理呢？我们总结了一个处理流程，供大家参考。这个流程不仅适用于《地名　标志》国家标准，也适用于地名标志领域起草的地方标准、企业标准等。下面以《地名　标志》国家标准为例，来阐述这个流程的具体步骤：

第一步，查询。标准的起草部门或者负责归口部门，应定期或在特定时间查询规范性引用标准的更新情况。特定时间一般是指，标准使用单位提出要求、上级部门提出要求等情况。发现规范性引用标准已经更新，进行第二步。

第二步，明确规范性引用标准更新的性质。前面已经讲过，标准发布后，与其先前版本存在着代替和废除两种关系。如果是废除先前版本，进入第三步；如果是代替其先前版本，进入第四步。

第三步，发布《地名　标志》国家标准修改单，将涉及废除的标准的内容进行相应的改变；或者修订《地名　标志》国家标准，将涉及废除或代替的标准的内容进行相应的改变。

第四步，明确《地名　标志》国家标准中规范性引用标准的形式，即明确该规范性引用标准是注日期的引用，还是不注日期的引用。如果

是注日期的引用，进入第五步；如果是不注日期的引用，进入第六步。

第五步，可以不做任何处理。但最好是认真研究引用标准新版本的内容，如果认为引用标准的新版本不适用于《地名　标志》国家标准，则无须做任何处理；如果认为引用标准的新版本适用于《地名　标志》国家标准，这时进入第三步。

第六步，认真研究引用标准新版本的内容，如果认为引用标准的新版本适用于《地名　标志》国家标准，则无须做任何处理；如果认为引用标准的新版本不适用于《地名　标志》国家标准，这时进入第三步。

《地名　标志》国家标准中规范性引用标准更改后处理的流程见图2－2。

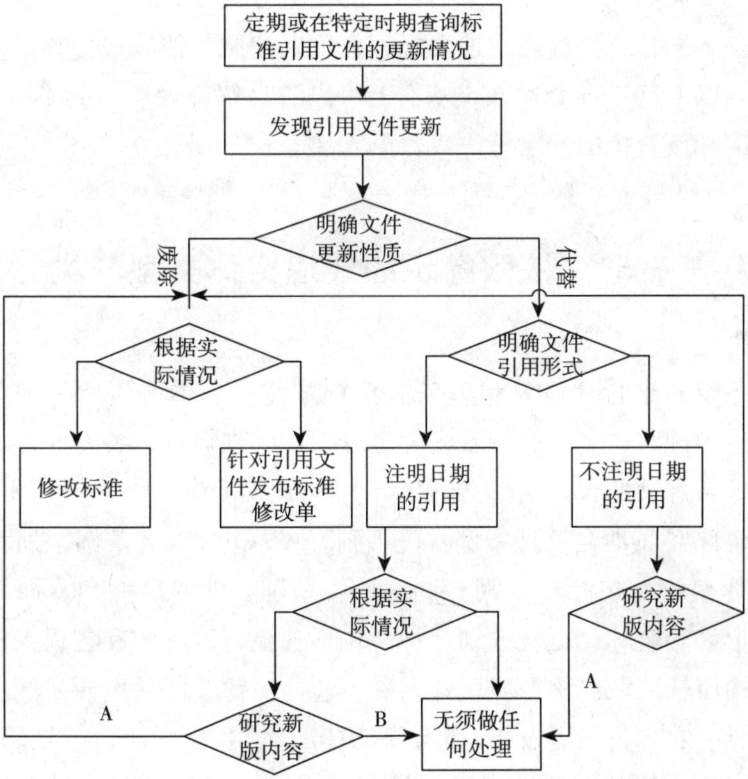

图2－2　《地名　标志》国家标准中规范性引用标准更改后的处理流程图

其中，A代表“引用文件的修改单或修改版适用于本标准”，B代表“引用文件的修改单或修改版不适用于本标准”。

第三章　地名标志分类

对地名标志进行分类，首先要确定分类的原则和方法。在对地名标志进行分类时，主要从以下几个方面考虑：一、按照地名标志标示地理实体的类型分类；二、按照地名标志的设置方式分类；三、按照地名标志的生产工艺分类。当然，地名标志也可以按照其他方式分类。但是我们认为，以上这三种分类方式基本上可以满足解释说明《地名　标志》国家标准和设置标准地名标志工作的需要。

第一节　按照标示的地理实体类型分类

国务院颁布的《地名管理条例》中规定："本条例所称地名，包括：自然地理实体名称，行政区划名称，居民地名称，各专业部门使用的具有地名意义的台、站、港、场等名称。"

民政部在《地名管理条例实施细则》中规定："《条例》所称自然地理实体名称，包括山、河、湖、海、岛礁、沙滩、岬角、海湾、水道、地形区等名称；行政区划名称，包括各级行政区域和各级人民政府派出机构所辖区域名称；居民地名称，包括城镇、区片、开发区、自然村、片村、农林牧渔点及街、巷、居民区、楼群（含楼、门号码）、建筑物等名称；各专业部门使用的具有地名意义的台、站、港、场等名称，还包括名胜古迹、纪念地、游览地、企业事业单位等名称。"

根据《地名管理条例》及《地名管理条例实施细则》中的有关规定，按照地名标志所标示地理实体类型不同可以分为自然地理实体地名标志和人文地理实体地名标志。其中自然地理实体地名标志包括海域地名标志、水系地名标志和地形地名标志，人文地理实体地名标志包括居民地地名标志、行政区域地名标志、专业区地名标志、设施地名标志，以及纪念地和旅游地地名标志。

一、海域地名标志

1979~1986年中国地名委员会组织开展了对海域地名的普查，总计共普查海域地名19700多个，新命名6700多个，进行标准化处理2500多个。普查的成果不仅对地名工作有重大意义，而且对国防建设、经济开发、行政管理、航海、交通、新闻、旅游、测绘、科研、教育等方面都有重要价值。从普查的情况看，海域地名包括海洋、海湾、海峡、海滩、海岛、群岛、岬角、半岛、海岸等自然地理实体名称。那么，海域地名标志自然也就包括上述的自然地理实体的地名标志。下面简单介绍各种海域地名标志所标示的地理实体的含义。

1. 海：大洋的边缘部分，我国有渤海、黄海、东海、南海。

2. 海湾：海洋深入陆地的部分，三面为陆，一面为海，形状不一，弯入的程度也各不相同，如我国的渤海湾。

3. 海峡：两块陆地之间连接两片海洋的较窄水道，如我国的琼州海峡。

4. 海滩：海边由沙子淤积成的滩地，如大连的老虎滩。

5. 海岛：海洋里被水环绕、面积比大陆小的陆地，如我国的海南岛。

6. 群岛：海洋中彼此相距很近，在成因上有一定联系的许多岛屿的合称，如我国的舟山群岛。

7. 岬角：向海突出的陆地尖角，常见于半岛前端，如山东半岛的成山角。

8. 半岛：深入海洋中的陆地，三面临水，一面同陆地相连，如我国的雷州半岛、山东半岛。

9. 海岸：陆地与海洋相互交界相互作用的地带，包括沿岸陆地部分及沿海浅水部分。

二、水系地名标志

水系，指流域内大大小小的水体，构成脉络相通的系统，由干流、若干级支流及流域内的沼泽、湖泊等组成。水系地名标志包括河流、河源、河口、河谷、河滩、河湾、三角洲、湖泊、陆地岛屿（包括沙洲、河岛、湖岛等）、矶、冰川（包括冰斗、冰川谷等）、瀑布、泉等的地名标志。各地理实体的含义简单介绍如下。

1. 河流：一种天然水流，由一定区域内地面水及地下水补给，并经常沿着狭长的凹地流动，通常包括江、河、川、溪、沟、水等。

2. 河源：河流补给的源头，通常是湲、涧、溪、泉、冰川、沼泽或湖泊等。

3. 河口：河流注入海洋、湖泊或其他河流的地方。

4. 河谷：河流所流经的长条形凹地，包括河床和河漫滩。

5. 河滩：河边水深时淹没、水浅时露出的地带。

6. 河湾：河流的弯曲河段。

7. 三角洲：河口地区的堆积地貌，河流在流入海洋（或湖泊）处，所携泥沙在河与海（或湖）的共同作用下堆积而成，一般呈三角形。如我国的长江三角洲。

8. 湖泊：被陆地围着的大片积水。

9. 沙洲：河床、湖滨或海滨中，由泥沙堆积露出水面的沙滩总称；河岛是指河流中石质或基座的岛屿。

10. 湖岛：湖泊中石质或基座的岛屿，如太湖三山岛。

11. 矶：水边突出的岩石或石滩，如长江南京河段燕子矶。

10. 冰川：在高山或两极地区，积雪由于自身的压力变成冰（或积雪融化下渗冻结成冰），又因重力作用而沿着地面倾斜方向移动，这种移动的大冰块叫冰川，包括冰斗、冰川谷等。

11. 瀑布：从山壁上或河床突然降落的地方流下的水流。

12. 泉：地下水在地面的天然出露。

三、地形地名标志

地表起伏的形态，在地理学中称为“地形”（地貌）。由内营力和外营力相互作用而成。地形按形态分为山地、丘陵、高原、平原、盆地等；按成因分为构造地貌、气候地貌、侵蚀地貌、堆积地貌等；按形成地貌主要外营力的差异，可分为流水地貌、岩溶地貌、冰川地貌、风沙地貌、海岸地貌等。地形地名标志一般是按照地形的形态来划分，主要包括平原、盆地、高原、丘陵、山、山口、山谷、山坡、山峰、火山、山脉、草原、森林、沙漠、戈壁、绿洲、天然桥、台地等的地名标志。各种“地形”的含义简单介绍如下。

1. 平原：海拔高度较小，地表起伏微缓的广大平地。

2. 盆地：四周高（山地或高原）、中部低（平原或丘陵）的地区。

3. 高原：海拔较高、地形起伏较小的大片平地，一般海拔在500m以上。

4. 丘陵：指高低起伏、坡度较缓、连绵不断的低矮山丘。

5. 山：陆地表面高度较大、坡度较陡的隆起地貌。

6. 山口：连绵的山岭中间较低处，多为通道经过的地方。

7. 山谷：山地中相邻两山背或山脊间呈线状延伸的低凹部分，中间多有溪流。

8. 山坡：山顶与平地之间的倾斜面。

9. 山峰：山的突出的尖顶。

10. 火山：地壳内部岩浆及伴生的气体和碎屑物质喷出至地表后冷凝、堆积而成的山体，是堆积山的一种类型。

11. 山脉：沿一定方向有规律分布的若干相邻山岭的总称。

12. 沼泽：地面长期潮湿，生长喜湿和喜水植物，并有泥炭堆积的洼地。

13. 草原：温带半干旱气候下，由旱生或半旱生草本植物组成的地貌形态。

14. 森林：覆盖人面积土地并以乔木为主体的植物群落，是集生的乔木以及与共同作用的植物、动物、微生物和土壤、气候的总体。

15. 沙漠：地面完全为沙所覆盖，缺乏流水，气候干燥，植被稀少的地区。

16. 戈壁：地面几乎被粗沙、砾石所覆盖，植被稀少的荒漠地带。

17. 绿洲：荒漠中水草丰美、树木滋生、宜于人居的地方，一般见于河流两岸，泉、井附近以及受高山冰雪融水灌注的山麓地带。

18. 天然桥：两端与地面连接而中间悬空的桥状地形。

19. 台地：边缘为陡坡的广阔平坦的高地。

四、居民地地名标志

居民地地名标志包括街、巷、区片、小区、门、楼、楼单元、楼层、村等的地名标志。由于人们对这些地理实体比较熟悉，这里只介绍一些可能引起歧义或界定不清的内容。

街一般是指较宽的道路（明确划分机动车道和人行道）；巷，一般是指较窄的道路（包括巷、胡同、里、弄等）。

“门”，本义是双扇门，房屋垣墙等建筑物，在出入通口处所设可开关转动的装置为“门”。门地名标志所标示的“门”，一般是指院落、小区或独立门户的出入处。

“区片”，泛指在一定范围内某一较为知名的点及四周附近地区，虽无明确的界线，但在人们日常生活中却使用频繁。如北京的东单、西单、前门等都是家喻户晓的区片名。

小区，是居住小区的简称，是指被城市道路或自然分界线所围合，并具有一定居住人口规模，配有能满足该区居民基本的物质与文化生活所需的公共服务设施的聚居地。

五、行政区域地名标志

行政区划是国家为便于行政管理而对其领土进行的区域划分，行政区域是行政区划划分的区域。根据国家管理的需要，这种区域划分可以逐级多次划分形成层次体系。国家通过行政区划形成各个层级的行政区域，在各个区域设置相应的国家权力机关和行政机关。行政区域是人们生产、生活的基本单元，是政治、经济和文化等的载体。因此，设置行政区域地名标志非常重要，这项工作的指导思想是，让人们更好地了解我国的行政区划格局，在出行时掌握自己所处的地域方位，了解各地的基本情况，建立相互合作、增进往来的基础。

从我国行政区划的层次体系角度讲，我国的行政区划实际上有四个层级。行政区域地名标志按照区划等级，设计四级地名标志体系，分别是省级（省、自治区、直辖市和特别行政区）地名标志、地级（地级市、直辖市辖区、自治州、地区行政公署和盟等）地名标志、县级（县、县级市、地级市辖区、自治县和旗等）地名标志、乡级（乡、镇、民族乡和苏木等）地名标志。

六、专业区地名标志

本标准中所指专业区一般是指为经济、军事等需要而划分的一定区域。这些专业区域，往往是国家根据有关政策和区域特征划定的，具有一定的法定性。专业区虽然也像行政区域一样，有一定范围，具有“面状”特点，但又有别于行政区域。行政区域是根据宪法划分的区域，在其范围内要建立政区机关。专业区则不具综合性、行政性的特征。专业区地名标志包括矿区、农业区、林区、牧区、渔区、工业区、边贸区、开发区、自然保护区等的地名标志。

1. 矿区：直接在采矿工业基础上、伴随工业生产的发展而逐步形成的地区。

2. 农业区：农业土地利用以耕地为主，农业生产以种植业为中心的地区，有时也称农区。

3. 林区：以林业生产为主的成片原始林和人工林覆盖的地区。

4. 牧区：以放牧经营为主的广大草原、高山草甸草原与半荒漠、荒漠畜牧业地区。

5. 渔区：渔业生产的区域范围，以渔业生产为主，以较大的淡水水面或海洋为基地，人工养殖与天然捕捞获量集中的地区，有时也称渔场。

6. 工业区：工业分布在一定地域范围内的一种集中形式。

7. 边贸区（包括口岸）：两国在边境毗连地带进行贸易的地区。

8. 开发区：由国务院和省级人民政府确定设置的实行国家特定优惠政策的各类开发建设地区的统称。

9. 自然保护区：国家为了保护自然环境和自然资源，促进国民经济的持续发展，将一定面积的陆地和水体划分出来，并经各级人民政府批准而进行特殊保护和管理的区域。

七、设施地名标志

设施地名标志包括火车站、汽车站、地（城）铁站、海港、河港、船闸、渡口、飞机场、桥梁（如公路桥梁、铁路桥梁、城镇内的立交桥和过街桥等）、隧道（如公路隧道、铁路隧道、城镇内的地下通道等）、道口、环岛、收费站、停车场等具有地名意义的交通设施的地名标志，池塘、海塘、水库、蓄洪区、渡槽、堤坝、运河等具有地名意义的水利设施的地名标志，发电站、输变电站等具有地名意义的电力设施的地名标志。

1. 具有地名意义的交通设施

（1）海港：沿海的用于船只停泊、旅客上下和货物装卸的地方。

（2）河港：江河沿岸的用于船只停泊、旅客上下和货物装卸的地方。

（3）船闸：在水位有集中落差的情况下，用以保证通航的水工建筑物，一般由闸室和两端的闸门构成。

（4）渡口：用船和筏子摆渡的地方，为渡场的主要组成部分，包括两岸进出路和渡河设备。

（5）长途汽车站：公路交通运输设置的长途汽车停车地点，是上下乘客或装卸货物的场所。

（6）公交站：指城市公交车的停车地点。

（7）收费站：公路交通运输收取过路费的场所。

（8）火车站：铁路交通运输线上设置的停车地点，是上下乘客或装卸货物的场所。

（9）道口：铁路与铁路或铁路与道路交叉的地点。

（10）飞机场：供飞机起飞、着陆和停放和用以组织、保障飞行活动的场所。

（11）地铁（包括城铁）站：地下铁道（简称地铁；也包括城市铁道，简称城铁）的停车地点。

（12）桥梁：包括公路、铁路桥梁，城市立交桥、过街桥等，是架在水面或空中以便行人、车辆通行的建筑物。

（13）隧道：在山中或地下开凿的通路，也包括城市的地下通道。

（14）环岛：指交叉路口中心的圆形设施。

（15）停车场：各种车辆停泊的场所。

2. 具有地名意义的水利设施

（1）池塘：蓄水的坑，一般不太大，比较浅。

（2）海塘：阻挡海潮侵袭而修筑的人工堤岸，如从长江南岸江苏省常熟市到上海市沿海一带称江南海塘。

（3）水库：能拦蓄一定水量，并能起径流调节作用的蓄水水域。一般指在河流上建筑拦河坝而形成的人工湖。湖泊、池、淀等有拦蓄水量作用的，有时也称“天然水库”。

（4）蓄洪区：为防止洪水成灾，把超过河道所能排泄的洪水储存起来的特定地区。

（5）渡槽：渠道与河流、沟谷或道路在不同高程上相交时修建的桥式水槽。

（6）堤坝：沿河、沿湖或沿海的防水、拦水的建筑物。

（7）运河：指人工开凿的通航水道，用以沟通不同河流、水系和海洋，连接重要城镇和工矿区，发展水上运输。在发电、排涝、泄洪、灌溉等方面也发挥着重要作用。

八、纪念地和旅游地地名标志

纪念地和旅游地地名标志，一般包括风景区、公园、人物纪念地（如陵园、人物纪念馆、纪念堂等）、事件纪念地（如古战场等）、宗教纪念地（如寺、庙、教堂等）等的地名标志。

1. 人物纪念地：一般包括名人故居、陵园、人物纪念馆、纪念堂等。

2. 事件纪念地：主要指具有重要重大意义的历史事件的纪念地。

3. 宗教纪念地：一般包括寺、庙、教堂等。

4. 公园：主要指供公众游览休息的园林。

5. 风景区：指一定区域内由山水、花草、树木、建筑物以及某些自然现象（如雨、雪）形成的可供人观赏的景象。“风景区”既包括建设部门提出的“风景名胜区”，也包括没有被建设部门认定为“风景名胜区”的“风景区”，还包括一些独立的景点。其中，风景名胜区是指具有观赏、文化或者科学价值，自然景观、人文景观比较集中，环境优美，可供人们游览或者进行科学、文化活动的区域。独立的景点一般包括没有形成风景区的独立的具有一定观赏、游览价值的亭、台、塔以及广场等。

第二节　按照设置方式分类

地名标志的设置方式很多。一般而言，地名标志按照设置方式的不同可以分为立柱式地名标志、悬臂式地名标志、附着式地名标志和碑碣式地名标志等。地名标志的设置方式受设置的环境、地质条件、标志特性等影响较大，必须综合考虑各种因素来选择哪种设置方式。

一、立柱式地名标志

立柱式地名标志，是指地名标志由立柱或支架直接固定在地面上的安装形式。一般情况下，立柱式地名标志主要满足行人和车辆需要，设置于道路边缘、人行道边。立柱式地名标志在实际中应用的范围较广，几乎任何地名标志都可以采用立柱式来设置。

按照外形结构，立柱式地名标志可以分为如下几种类型：

1. 单立柱式地名标志

顾名思义，单立柱式地名标志就是地名标志由一根立柱支撑。如图3－1所示。

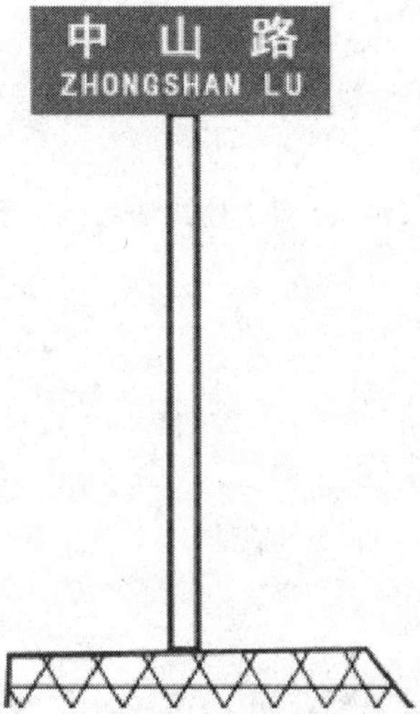

图3－1　单立柱式地名标志示意图

2. 双（多）立柱式地名标志

地名标志由两根（或两根以上）立柱支撑称为双（多）立柱式地名标志。由于采用这种方式设置地名标志可以增加设置的牢固程度，所以这种设置方式一般适用于地名标志的幅面、重量较大的情况。如图3－2所示。

无论是单立柱式地名标志，还是双（多）立柱式地名标志，它们都有一个共同的优点，就是可以实现一柱多用。采用这种方式设置地名标志，不但能起到支撑的作用，而且还可以在立柱上设置其他的，诸如车站牌、限速牌、导向标志等公共设施，从而提高了地名标志的综合效益。

图 3－2　双立柱式地名标志示意图

3. **其他立柱式地名标志**

有些立柱式地名标志没有采用立柱支撑，而是采用支架支撑，由于其性质和外观等方面的特点，我们也将这类地名标志归类为立柱式地名标志。例如现在普遍使用的灯箱式地名标志，如图 3－3 所示。

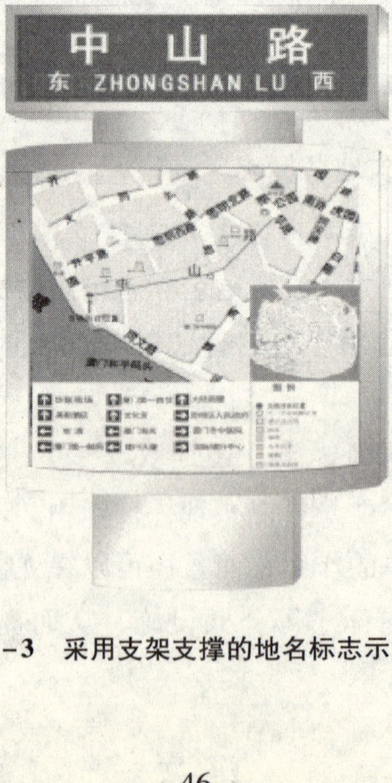

图 3－3　采用支架支撑的地名标志示意图

随着技术的不断进步，人们不断创造着新的采用支架支撑的立柱式标志，比如三面立柱式标志，如图 3－4 所示。图片上的标志是公交站标志，这种设置方式也同样适用于地名标志。采用这种方式设置地名标志，扩大了地名标志的利用率，增加了单个地名标志的信息含量。当然，这种标志也可以制作成四面、五面，甚至更多面。

图 3－4　三面支架式标志示例

二、悬臂式地名标志

悬臂式地名标志是指地名标志悬空安装在带有伸向路面的悬臂上，标志设置在道路的一侧，标志平面垂直于街道方向设置。如图 3－5 所示。

一般情况下，悬臂式地名标志适用于：

1. 在需要设置地名标志的位置无法或者很难设置立柱式地名标志，可以考虑使用悬臂式地名标志。

2. 道路较宽、外侧车道大型车辆容易阻挡内侧车道视线，或者景观上有要求的时候。

悬臂式地名标志也可以将两个或两个以上地名标志以一定的角度交

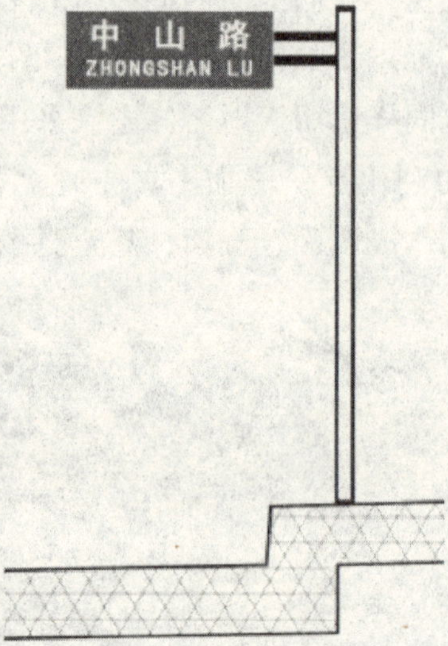

图 3－5　悬臂式地名标志示意图

叉安装在一起。由于这种设置方式非常经济实用，特别适用于一些交叉路口，具有推广价值，如图 3－6 所示。这种交叉安装的方式也适用于立柱式地名标志，如图 3－7 所示。

图 3－6　交叉安装悬臂式地名标志示意图

图 3-7 交叉安装立柱式地名标志示意图

三、附着式地名标志

附着式地名标志，是指将地名标志附着在其他已有物体上，如附着在墙壁、路灯杆、电线杆上。这样不但占用空间少，而且能充分利用现有的资源，达到经济目的。如图 3-8 所示。

目前，采用附着式安装的多见于楼、楼单元、楼层、门、巷等居民地地名标志。

四、碑碣式地名标志

碑碣式地名标志是直接设置在地面上的一类地名标志。有些自然地理实体地名标志、纪念地和旅游地地名标志、居民地地名标志，采用美观艺术造型的碑碣式设置，不但具有传统地名标志的指位功能，而且还能起到美化环境的作用。如图 3-9 所示。

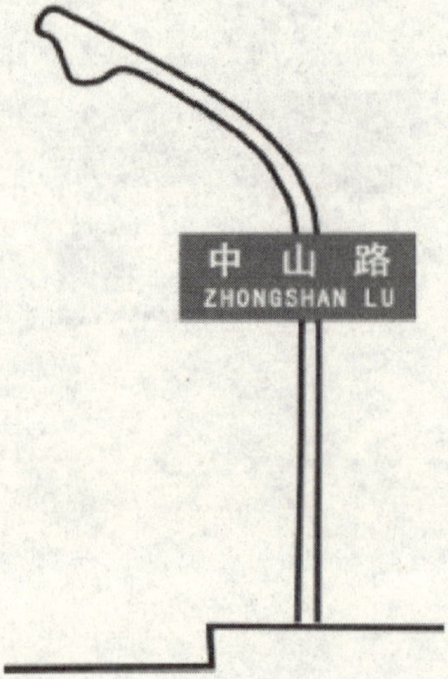

图 3 – 8　附着式地名标志示意图

图 3 – 9　碑碣式地名标志示例

还有些地名标志，特别是一些自然地理实体地名标志、纪念地和旅游地地名标志，在已有的建筑物上，雕刻出地理实体的名称，我们把这些也归类为碑碣式地名标志。如图 3 – 10 所示。

图 3－10　碑碣式地名标志示例

第三节　按照工艺分类

地名标志可以采用多种工艺和材料制作。可以是喷涂、粘贴、印刷，也可以是陶瓷制作、电镀等工艺，还可以采用两种或两种以上工艺制作。基材可以使用单纯的金属材料、高分子材料、石材等，也可以使用两种或两种以上材质。

按照工艺和材料的不同，地名标志可以分为反光地名标志、长余辉蓄光地名标志、电致地名标志、金属腐蚀地名标志和碑碣式地名标志。其中，反光地名标志是图文和背景材料均由反光材料制成的地名标志；长余辉蓄光地名标志是图文由长余辉蓄光材料制成的地名标志；电致地名标志是采用交流电、直流电等方式供能的地名标志，LED 地名标志是电致地名标志一种重要的类型；金属腐蚀地名标志是在金属基板上采用腐蚀刻字技术制成的地名标志；碑碣式地名标志是采用雕刻的方法在石质材料、金属材料以及其他材料上刻出地名的标志。在实践中，还有的地方使用字牌式地名标志、锻压式地名标志等产品，由于这些产品的使用量较少，这里不过多介绍。

在介绍这一节之前，我们有必要对地名标志的层间结构进行说明。一般情况下，反光地名标志和长余辉蓄光地名标志由图文层、背景层和基板构成，如图 3－11 所示。

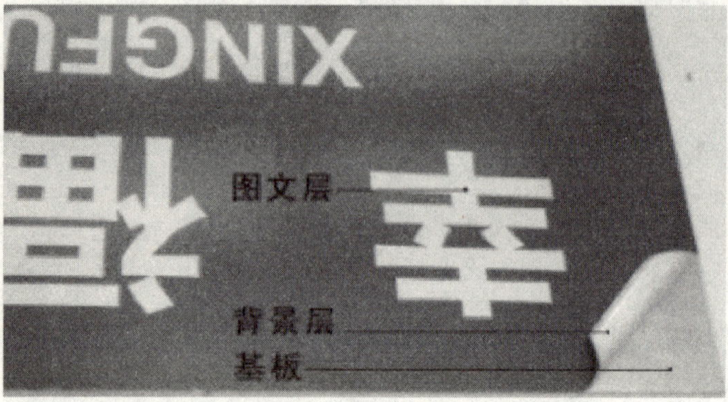

图 3－11　反光和长余辉蓄光地名标志层间结构示例

对于金属腐蚀地名标志和碑碣式地名标志而言，其基板上一般不需要涂敷背景材料，故没有背景层，其图文层凹陷在基板中。

LED 地名标志等箱式结构的地名标志的结构较为复杂，后面会详细介绍。

一、反光地名标志

反光地名标志是图文和背景材料均由反光材料制成的地名标志。反光材料主要包括反光膜、反光油墨、反光涂料、反光布等。用于制作地名标志的反光材料主要是反光膜和反光油墨两种，其中最主要的是反光膜。

1. 反光材料反光原理

当一束光照射到某个物体表面时，这个物体会将光以某种角度向反方向发送回来，这种现象称为光的反射，这个物体表面称反光面。光的反射有三种类型，即镜面反射、漫反射和逆反射。

产生镜面反射的物体的反光面必须是一个平面，当外界光束以与平面的法线成一角度入射到平面后，将沿与光源相对称的角度反射回去，其他角度没有反射光，如图 3－12 所示。如果地名标志使用这种镜面反射物体作标志表面，当外界灯光成一定角度照射时，人们只能在处于反射光角度时，才能看到明亮清晰的地名信息，而处在其他角度时，地名标志看上去将昏暗不清，显然这种方式不能被地名标志采用。

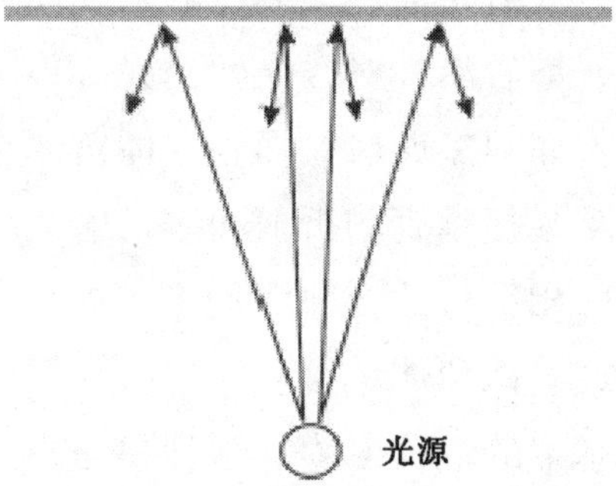

图 3－12　镜面反射原理示意图

漫反射是将反射面由单纯反射的一个平面，变成呈不同角度的多个反射平面，如将平滑的玻璃经喷砂处理制成磨砂玻璃，即制成角度不同的许多反射面。当一束光入射到该反射面时，光线将向各个方向反射，如图 3－13 所示。发生漫反射时，只有很少一部分光被反射回至光源。因此，漫反射表面只能给靠近光源者提供较低的夜间可视性。同样，这种方式也不能被地名标志采用。

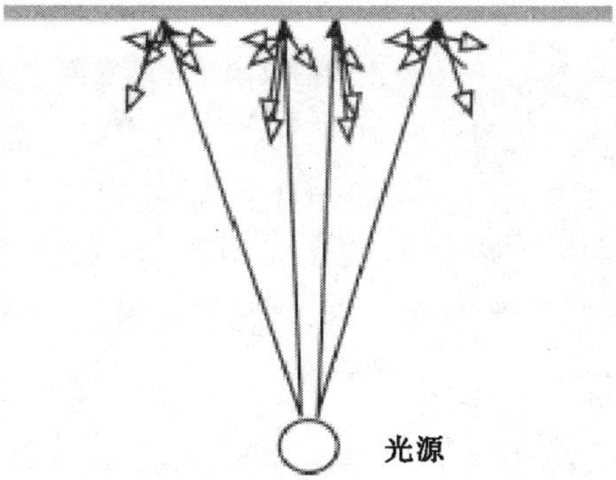

图 3－13　漫反射原理示意图

逆反射是将光源发出的光经特制的反射面向光源方向反射回去，使最靠近光源者的感受最亮。最常用的逆反射材料有逆反射球体和逆反射立体角体，分述如下：

球体逆反射：反射体为透明的玻璃珠。由于空气和玻璃的折射率不同，当入射光通过玻璃珠的前表面时，即产生折射；到达玻璃珠的后面时，产生反射；然后，反射光通过玻璃珠的前表面返回，在离开玻璃珠表面时，又发生折射，最后沿入射方向回到光源处。

立体角体逆反射：如同玻璃珠一样，立体角体也是逆反射元素。每一个立体角都具有三个互相垂直的折射面。入射光线分别经由三个表面反射后，以与入射方向相平行的方向回到光源处。

将大量的玻璃珠或立体角体单元有序地植入塑胶树脂中，表面覆盖透明保护膜，即构成基本的逆反射膜，这种膜通常简称为反光膜。反光膜的逆反射原理如下图所示。

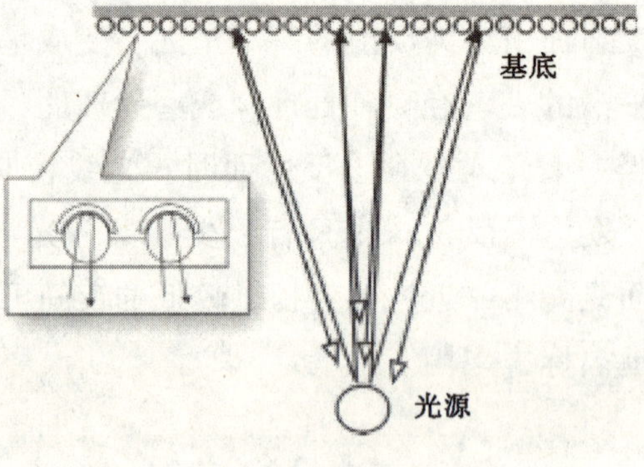

图 3－14　反光膜逆反射原理示意图

2. **反光膜简介**

反光膜是利用光学原理，能把光线逆反射回到光源处的一种特殊结构的 PVC 膜。1950 年，美国华裔科学家董棋芳博士研发出定向玻璃微珠，随后又研制出反光布等系列反光材料。1968 年，美国 ROWLAND 兄弟发明并注册微棱镜逆反射技术。反光膜产品是由美国 3M 公司率先开发成功的，到目前仅有美国、日本、中国、韩国等少数几个国家能够生产。反光膜已经在许多国家长期使用，其优异的光学特性和卓越的社会经济价值已经得到广泛认同和接受。

我国反光膜在标志业的应用始于20世纪80年代初，此后随着我国反光材料产业的逐步发展扩大，使用范围广泛涉及交通、地名、消防、铁路、煤矿等领域。在夜间或光线不足的情况下，其明亮的反光效果可以有效地增强人的识别能力，看清目标，引起警觉。从而起到方便人民群众寻找地名、避免事故发生等作用。

现在，我国已经打破反光材料，特别是高强级反光膜完全依赖进口的现状。以江苏常州华日升反光材料有限公司为代表的国内反光材料生产企业，其产品的质量和工艺已经达到国外产品的水平，有的产品甚至比国外产品的生产工艺更为简化，并且在多个领域拥有了自主知识产权，反光膜生产自成体系，不仅替代了进口产品，而且已经走出国门。使用国产反光膜最大的优势在于同等质量价格更便宜。各地在招标过程中，应尽量使用有一定生产规模、质量有保证的国产反光膜，这样可以在很大程度上降低设标的费用。但由于我国反光膜生产起步较晚，多数企业还没有形成大规模产业化生产，产品质量参差不齐，所以，选择质量信得过的国内反光膜企业尤为重要。如何确保地名标志采用的反光膜产品的质量呢？用眼睛是看不出来的，最直接的办法是让投标企业出具民政部地名研究所实验室的“地名标志用反光膜检测合格报告”。

3. 采用反光膜制作地名标志

反光膜主要用于制作反光标志牌，可在铝材、塑料、玻璃、油漆等光滑表面粘贴，而不宜直接在木材、水泥、石灰地面等粗糙、灰质表面粘贴。当反光地名标志的图文较为规则时，在反光膜或其他反光材料制成的背景层上，直接粘贴反光膜刻的字或图案来制作反光地名标志，即所谓的“膜贴膜”工艺。

使用反光膜时应注意以下事项：

（1）使用前应仔细阅读产品包装标签上的内容，确认反光膜的型号、色别、数量、批号及生产日期。

（2）反光膜在使用前应在温度为18℃～28℃的环境放置24小时。

（3）反光膜在开卷或裁切时，由于静电作用，极易黏附灰尘和小垃圾，所以裁切环境和工具必须保持清洁。

（4）裁切环境的温度建议保持在18℃～28℃，相对湿度建议保持在50%±10%。

（5）反光膜须一次贴膜成功，撕开后重贴，反光膜的附着性能会受到影响。

（6）不同批号的同一颜色反光膜不能用在同一个地名标志上。

（7）反光膜表面易损伤，在裁切过程中，操作人员应戴手套，以免损伤反光膜面层，影响反光性能。

（8）开卷后的反光膜应及时裁切，裁切后的反光膜可根据面积大小选择不同的存放方式。面积小的反光膜可以叠放；面积较大的可按原卷绕方向卷成筒状用胶带固定，竖直放置，卷筒内径不得小于100mm。裁切后的反光膜必须用塑料袋套上扎紧，严防吸湿。

（9）未使用完的反光膜应顺着原绕卷方向卷紧，不能留有空隙，并用胶带固定，以免产生折皱等现象，影响使用。

（10）新生产的铝板表面呈镜面，不利于粘贴，应用砂纸打磨，以提高其粘贴牢固程度。

（11）反光膜背胶为压敏型，为慢反应粘贴方式。时间越长，粘贴牢度越强。贴好的地名标志产品建议在室内养护2～4天，环境温度建议保持在20℃～25℃，相对湿度建议保持在50%±10%，以保证其背胶与基板达到最佳粘贴效果。

（12）对施工过程中产生的表面脏迹，可用醇类溶剂或清洗剂清洗，不能用酮类（如丙酮）、酯类（如醋酸乙酯、醋酸丁酯）溶剂清洗。

4. 采用反光油墨制作地名标志

当反光地名标志的图文较为复杂时，就需要采用更加灵活的方式制作，一般采用反光油墨进行印刷。反光油墨类似于反光膜，是将数以万计的逆反射球体加入透明油墨中制成。制作时，将反光油墨用丝网印刷等工艺制成文字或图案，实现反光显示。采用反光油墨制作地名标志，其反光效果虽然较反光膜逊色，但制作工艺具有方便、灵活的显著特点。

采用反光油墨制作地名标志的形式多种多样，可以在反光膜上丝网印刷反光油墨，也可以在反光油墨上粘贴反光膜，还可以在反光油墨上面再印刷反光油墨。但是较常见的是在反光膜上印刷反光油墨，其步骤如下：

（1）选择反光油墨。反光油墨一般具有以下特点：①干燥时间一般要控制在30s以下，以免下层物质（主要指反光膜）被咬底。②油墨的黏结度要适当，防止粘版或糊版等现象。

（2）覆膜。在基板上粘贴反光膜，制成背景层。

（3）印刷。采用丝网印刷工艺或者其他印刷工艺，在背景层上印刷反光油墨。在反光膜上印刷与在普通基材上印刷相差不大，印刷后可自然晾干或在低温下烘干，切忌不可高温烘干。

二、长余辉蓄光地名标志

长余辉蓄光地名标志是图文由长余辉蓄光材料制成的地名标志。按照背景层使用的材料划分，长余辉蓄光地名标志主要可以分为反光长余辉蓄光地名标志和聚酯长余辉蓄光地名标志。反光长余辉蓄光地名标志通常是指背景层采用反光材料制作，图文层采用长余辉蓄光材料制作的地名标志。聚酯长余辉蓄光地名标志通常是指背景层采用聚酯材料制作，图文层采用长余辉蓄光材料制作的地名标志。

1. 长余辉蓄光材料发展简介

稀土元素无论被用作发光（荧光）材料的基质成分，还是被用作激活剂、敏化剂或掺杂剂，所制成的发光材料，一般统称为稀土发光材料或稀土蓄光材料。

目前，我国稀土发光及材料科学技术已经从起步和跟踪阶段走向自主发展阶段，稀土荧光粉生产从零开始，已经形成一个新兴产业。在20世纪70年代以前，我国稀土发光及材料科学和技术并没有形成。20

世纪70年代我国一批化学科技工作者开始从事稀土发光及材料科研和开发工作。1973年国家计委下达彩电荧光粉全国会战任务，对彩电三基色荧光粉进行协作攻关。经过3年努力，使彩电三基色荧光粉性能达到国外水平。这些成果为研发出高效、长时间发光的长余辉蓄光材料奠定了基础。

20世纪90年代以来，为了发展更优良的长余辉蓄光材料，人们使用稀土成功开发了二价铕和其他稀土离子掺杂的绿色、蓝绿色及蓝色长余辉蓄光材料。目前商用的蓝色长余辉蓄光材料是铕、镝激发的铝酸钙（$CaAl_2O_4$：Eu，Dy），绿色长余辉蓄光材料是铕、镝激发的铝酸锶（$SrAl_2O_4$：Eu，Dy），其发光强度、余辉亮度及余辉时间均超过传统的碱土金属硫化物发光材料，而且在空气中的化学稳定性比硫化物优良。20世纪90年代中期稀土长余辉蓄光材料在我国实现产业化，主要有红、黄、绿、蓝、紫几种颜色。与此同时，我国科技工作者将长余辉蓄光材料和涂料、不干胶、油墨或纺织品结合开发出各种蓄光涂料制品，并实现大规模产业化生产。这种高效、长时间发光的蓄光材料及相关的各种涂料制品的出现，使长余辉蓄光地名标志的大规模生产成为可能。1996年起，民政部开始着手起草《地名标牌　城乡》国家标准，经过起草工作组和相关专家、企业的不断努力，终于成功地开发出了长余辉蓄光地名标志，并将这种产品写入该国家标准，从而拉开了在全国范围内设置这类地名标志的序幕。

2. 长余辉蓄光材料发光原理

长余辉蓄光材料发光的本质是光致发光。光致发光是将具有某种能量的光转化为另一种能量的光的一种发光现象，其英文名称是Photo Luminescence，缩写为PL。一般是用高能量的光（如紫外线）激发发光材料，产生较低能量的蓝、绿、黄、橙、红等颜色的可见光。

发光材料中位于发光中心的电子受到外界光激发后，从基态跃至激发态，处于激发态的电子一般为非稳定状态，它返回基态时，将多余的能量以光的形式释放，形成发光现象。通常的产品和材料，当外界光激发停止后，发光即停止，如日光灯的发光。但当某些杂质加入一些特定的晶体后，会造成外界光激发停止后材料仍然发光，这种发光称为余辉。这是由于这些杂质进入晶体后，形成一些“电子陷阱”。当外界光停止激发后，停留在激发态上的大部分电子很快从激发态返回基态而产生明亮的发光，表现为初始亮度。而另一部分电子在从激发态返回基态时被“电子陷阱”捕获，而停留在这些“陷阱”中。因此称这种电子处于“陷阱”内的状态为亚稳态。由于这些亚稳态的存在，形成在相当长的一段时间内，“陷阱”中被捕获电子依靠环境热能的扰动，逐渐跳出“陷阱”而返回基态，激发发光中心而发光，从而形成余辉。这类材料的余辉时间与“陷阱”的种类和能级深度有关，从几分钟到几小时不等，一般把具有几小时以上的余辉的光致发光材料称为长余辉发光材料。由于长余辉发光材料在宏观上表现为一经照射后便可以长时间发光，仿佛有储存光的能力，所以又称长余辉蓄光材料。

由于这类材料的余辉与电子“陷阱”的深度和环境温度的高低(即扰动热能的大小)有关，因此，要获得优良的余辉特性，必须在制作材料时通过掺入适当的杂质元素以形成合适数量和深度的“陷阱”。对同一种长余辉蓄光材料，环境温度越低，其余辉时间越长；反之，则越短。

3. 长余辉蓄光地名标志的制作工艺

(1) 丝网印刷工艺：目前，长余辉蓄光地名标志一般采用丝网印刷工艺制作。丝网印刷的基本原理是：丝网印版的部分孔能够透过油墨，漏印至承印物上；印版上其余部分的网孔堵死，不能透过油墨，在承印物上形成空白。

传统印版的制作方法是手工的，现代较普遍使用的是光化学制版法。这种制版方法，以丝网为支撑体，将丝网绷紧在网框上，然后在网上涂感光胶，形成感光版膜，再将阳图底版密合在版膜上晒版，经曝光、显影。印版上不需过墨的部分受光形成固化版膜，将网孔封住，印刷时不透墨，印版上需要过墨的部分的网孔不封闭，印刷时油墨透过，在承印物上形成所需图案文字。

印刷时在丝网印版的一端倒入油墨，油墨在无外力的作用下不会自行通过网孔漏在承印物上，当用刮板以一定的倾斜角度及压力刮动油墨时，油墨通过网版转移到网版下的承印物上，从而实现图像的复制。

采用丝网印刷工艺制作的长余辉蓄光地名标志，可以用户外耐候性好的丙烯酸聚氨酯漆等材料作为面漆和罩光漆，这样不但能增加长余辉蓄光地名标志的耐候性能和美观效果，而且能够增强标志表面丝网印刷字的牢固程度。

（2）其他工艺：除了采用丝网印刷工艺制作长余辉蓄光地名标志外，目前，还出现许多制作长余辉蓄光地名标志的新工艺。比较典型的有长余辉陶瓷地名标志、长余辉蓄光膜地名标志。

①长余辉陶瓷地名标志：在1996年开始的“国道两侧设标”工作中，就广泛采用预先在瓷砖上烧制村镇汉字名称、汉语拼音及边框线等，然后镶砌瓷砖的方法制作地名标志。同样，也可以采用长余辉蓄光材料，在瓷砖上烧制出地名的汉字名称、汉语拼音及边框线等内容，然后镶砌瓷砖的方法制作长余辉陶瓷地名标志。

②长余辉蓄光膜地名标志：采用覆膜工艺，将长余辉蓄光膜粘贴在基材或背景层上，制成长余辉蓄光膜地名标志。有关长余辉蓄光膜的性能，在下面章节会详细介绍。

另外，采用诸如长余辉蓄光涂料等材料，也可以制作长余辉蓄光地名标志。

4. 长余辉蓄光地名标志的优势与不足

长余辉蓄光材料是一种新型的发光材料，采用这种材料制作的地名标志能够在夜间主动发光显示标志内容，使地名标志清晰可见。这种地名标志具有以下优点：

（1）不需要能源，经济节约。这类标志在白天吸收和储存太阳能，夜间逐渐释放能量而长时间发光，不需要消耗任何能源，既节约能源，又省去了灯箱等发光地名标志所需的铺线架杆等前期投入。

（2）是一种固体平面发光体。不像一般灯具为真空器件，长余辉蓄光地名标志是一种固体平板化的发光显示产品，厚度薄、耐冲击、视角大。

（3）标志抗冲击、耐震动，有较宽的温度适用范围。

（4）耐腐蚀、耐酸碱、耐候性好。

（5）与其他材料兼容性好。长余辉蓄光材料可以较为容易地与其他溶剂混合，并很容易采用诸如丝网印刷等工艺制作相关产品。同时，采用丝网印刷制作的长余辉蓄光地名标志，在其表面加涂保护层，不易出现龟裂等问题。

长余辉蓄光地名标志，特别是目前广泛应用的以丝网印刷工艺制作的长余辉蓄光地名标志，存在的主要问题是制作过程复杂。由于地名标志的自身特点，数量非常大，标示内容一致性程度低。这种现象在门地名标志上表现得尤为明显，一批门地名标志，基本上找不到标示内容完全相同的两块，使得这类标志的制作程序较为烦琐，从而大大增加了成本，而且使生产规模化、自动化受到影响。许多企业、研究机构都投入了很大的人力和物力，解决这个问题，也取得了一些成果。例如，有的人采用模块化的方式印刷。具体过程是：将门地名标志的内容分为两个部分，一部分是固定部分，另一部分是可变部分，结构如下图所示。固定部分书写街巷名称，可变部分书写门的编号，通过不断变换可变部分的号码，简化制作过程。

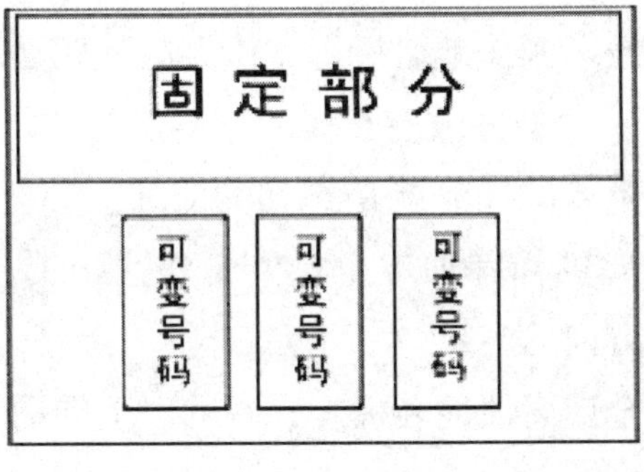

图3－15　丝网印刷工艺可变印版结构示意图

三、金属腐蚀地名标志

金属腐蚀技术，俗称“烂板”，是一项非常成熟、传统的技术。通常是在不锈钢板、铝板、钛金板和铜板等基板上，采用液体感光胶（蛋白胶、骨胶、明胶、聚乙烯醇胶等）通过光化学法显像而得到标志所要显示的图文，然后进行腐蚀，最后在腐蚀的区域用漆膜覆盖。当然，也有的在腐蚀区域用长余辉材料覆盖，制作具有长余辉效果的金属腐蚀地名标志。

1. 金属腐蚀地名标志的优势

与其他类型的地名标志相比，金属腐蚀地名标志的优势主要体现在以下几个方面：

（1）取材广泛。金属腐蚀地名标志的基材可以是不锈钢板、铝合金板、钛金板和铜板，这在很大程度上增加了这类标志的适用性。

（2）色彩美观。与其他标志一般采用单调的蓝、绿、白、红颜色相比，金属腐蚀地名标志可以采用基材颜色作为背景颜色，这样可以充分发挥这些基材颜色的特性，表现出黄色的典雅华贵、玫瑰色的富丽堂皇、银白色的素淡清新和古铜色的庄重古朴。

（3）与景观环境适应性好。选择与建筑物相协调一致的基材颜色，达到美化景观环境的目的。

2. 金属腐蚀地名标志的不足

采用传统腐蚀技术制作地名标志，最大的问题是对环境产生很大的污染。2006 年初，一些地方政府开展的“碧水”、“绿箭 VIII 号”等环保行动，其中一项重要的任务就是查处关闭那些工艺落后、设备简陋、无污染治理设施的腐蚀标牌加工企业。此外这种工艺还存在制作工序多、劳动强度大等方面的不足。

为了解决传统金属腐蚀地名标志存在的以上问题，人们一直不断研究新的工艺和技术，而且取得了一定的进展。

四、LED 地名标志

LED 地名标志是一种以 LED 为光源的发光地名标志。制作时，将单个 LED 通过排列组成线光源，制成光源组件，置于导光板两侧。在导光板底面印制了散乱斑点，光源组件发出的光从侧面射入导光板内，通过散乱斑点的反射和折射作用，改变光线直线传播方向，从而使大部分入射光线由导光板正面均匀地出射。在导光板的下面备有反射片，它将导光板底面通过散乱斑间隙射出的光线反射回导光板，起到减少光能损耗的作用。在导光板的上面备有扩散片，其作用是使穿过它的光线发生多方向折射，产生光学扩散的效果，提高发光均匀度。在扩散片的上面是标志板，用以显示图像、文字，保护产品的内部组件。

1. LED 光源及 LED 地名标志简介

LED 是英文 light emitting diode（发光二极管）的缩写，是一种可将电能转变为光能的半导体发光器件，属于固态光源。它利用固体半导体芯片作为发光材料，当两端加上正向电压，半导体中的载流子发生复合，放出过剩的能量而引起光子发射产生可见光。LED 光源作为新一代绿色照明光源，正为越来越多的人所认识。由于它具有体积小、耗电少、寿命长、无污染、耐震动和抗冲击等鲜明特点，成为照明领域最被看好的新兴产品。尤其在全球能源短缺的忧虑再度升高的背景下，LED 在照明市场的前景备受瞩目。欧、美及日本等发达国家投入许多人力物力，并成立专门机构推动 LED 的研发工作。我国作为世界第二能源消耗大国，对 LED 照明技术的研发和推广应用给予了高度重视，于 2003 年启动了“国家半导体照明工程”。因此，本标准特别提出使用 LED 光源制作的地名标志。

一直以来，人们主要将 LED 光源应用在以下几个领域：

（1）直接照明；

（2）组阵应用，制成 LED 显示屏；

（3）LED 设置于显示板、显示屏的后面，作为背景光源使用。

2005 年，民政部地名研究所和河北格林光电有限公司联合攻关，研发了 LED 非点阵大面积平面发光技术。该技术充分发挥 LED 节能、环保和长寿命的优势，有效地克服了 LED 发光立体角较小等缺点，通过二次光学设计，实现 LED 点光源向大面积平面光源的转换，改变了过去 LED 只能在产品上充当信号指示灯和小面积背景光源的应用状况，研制出大面积背景光源和载有各种图像、文字信息的彩色平面发光标志，开拓了 LED 作为显示屏照明光源应用的新领域。将该技术应用于地名标志产品的生产，开发出了 LED 地名标志。

2. LED 地名标志的优势

LED 地名标志使用少量 LED，通过点光源向面光源的高效转换，实现大面积平面发光。其优越性主要表现在以下几个方面：

（1）发光亮度高。目前，以电能为供能方式的发光地名标志，大多数采用箱式结构，这就决定在有限的箱体空间内，放置光源数量越多，标志的发光亮度就越高。LED 光源的截面积很小，最大的也不到 $100mm^2$，而其发光亮度却能达到 18000 ~ 20000mcd，这就使在单位长度内，可以排列更多数量的 LED 光源，从而增加了 LED 地名标志的发光亮度。

（2）节约能源。LED 地名标志单位面积的能耗很低。以北京市的照明发光地名标志为例，北京市的照明发光地名标志通常采用灯管作为背景光源照明，每个照明发光地名标志使用 8 根灯管，每根灯管为 40 瓦，每个标志共需 320 瓦，而同等面积同等亮度的 LED 地名标志只需 65 瓦即可，节能高达 80%。据统计，北京市现有照明发光地名标志约 10000 个，如全市的照明发光地名标志全部采用 LED 地名标志，按每个 LED 地名标志每天平均点亮 10 小时计，则每年可节电 $(320-65)\times 10\times 365\times 10000/1000\approx 931$ 万度，按每度电 0.8 元计算，则每年可节约约 745 万元人民币。

（3）节省维修费用。传统的以灯管作为背景光源的地名标志，由于灯管的使用寿命有限，必须定期打开箱体更换灯管。这一方面增加了维护成本，另一方面由于频繁地开关箱体，必然使得水汽、污染性气体进入箱体内部，从而加速箱体内各部件的腐蚀。而 LED 地名标志采用寿命长的 LED 光源，其他各部分组件也采用长寿命的材料，使得整个 LED 地名标志的使用寿命可以达到 8 年。同时，由于 LED 地名标志的整体使用寿命长，内部组件不需要定期维护，产品可以实现整体密封封装，这也增强了这类产品对室外气候环境的适应性，延长了这类产品的使用寿命。

（4）环保。环保已经成为二十一世纪中国经济发展的主题之一。评价一个产品的好坏，其是否环保是一个重要的方面。LED 地名标志不存在如日光灯管的汞污染，保护了环境。同时，该产品具有显著的节电效果，从而间接地减少发电过程中煤炭、石油等能源的消耗，降低温室气体、二氧化硫和氮氧化物的排放，具有显著的环境效益。

（5）实现了地名标志与太阳能电池的结合。太阳能是一种可再生能源。它具有安全可靠、无噪声、无污染、能量随处可得、不受地域限制、无须消耗燃料、无须架输电线路等特点。太阳能电池是人类利用太阳能的重要方式，太阳能电池又称光伏电池，是一种能有效地吸收太阳光辐射能，并使之转变成电能的半导体器件。太阳能电池最主要缺点是能流密度低，也就是说单位面积产生的电能较低，目前国内一般使用的太阳能电池每平方米产生电能的功率是一百多瓦，这使得太阳能电池的应用受到很大限制。以北京市现有的采用灯管作为背景光源照明的发光地名标志为例，该地名标志的能耗是 320 瓦，要实现太阳能供电，每个标志至少要顶一个 4 平方米的太阳能电池板，很不协调。而 LED 地名标志的能耗很低，只要不到 1 平方米的太阳能电池板即可，可以采用太阳能电池作为电源。

第四章　地名标志的设置要求和制作原则

地名标志产品的要求有很多方面，主要有设置要求、版面要求、基本性能要求、特殊性能要求，以及地名标志的支撑装置、地名导向标志和外置照明器材的要求等几个方面。本章着重介绍地名标志的设置要求。另外考虑到整体结构，制作地名标志的原则也在本章一并介绍。

第一节　设置要求

地名标志是法定的国家标志物，属于公共产品和公共服务范畴，关系着人民的切身利益，这要求地名标志的设置必须庄重、大方。同时，地名标志属于公共信息标志，具有公共信息标志的一般属性，因此，地名标志应安装在显著位置，必须美观、醒目，便于人们识别。

一、设置原则

地名标志的设置应遵循“安全、环保、协调、规范”的原则。

1. 安全

（1）设置的地名标志应保证设施的结构安全，杜绝倾覆、倒塌等危及行人人身安全的情况发生，也不要影响相关、相邻的公路构造物的结构安全和功能发挥。

（2）设置在行车道路附近的地名标志，不得遮挡交通标志和妨碍交通标志的安全视距。

（3）设置在行车道路附近的地名标志，应避免产生炫目效果，从而影响车辆行驶安全。

（4）地名标志的防雷等级应按其安装位置和标志自身特点，根据现行 GB 50057《建筑物防雷设计规范》的规定确定，其防雷装置必须具有防止直击雷、感应雷和雷电波侵入的措施。

（5）大型钢结构地名标志应由具备相应钢结构设计资质的单位进行设计，出具完整的结构施工图，明确结构要求、材料规格及连接点防腐、防锈等内容。

（6）大型钢结构地名标志应由具备建筑安装钢结构施工资质的企业按图制作、安装。

（7）应及时对地名标志进行维护、护养和安全检查，及时排除安全隐患。

2. 环保

（1）不应使用有毒有害，或者具有放射性的原材料生产地名标志、支撑装置和地名导向标志等。

（2）地名标志的生产过程中也要符合清洁生产的要求，不对环境产生污染。

（3）设置地名标志时，特别是一些大型的地名标志，要充分考虑在设置地名标志过程中，不得影响原有的地下水等生态环境，不得任意砍伐、修剪绿化带，从而破坏原有的人文环境。

（4）地名标志报废后，其废物及其处理过程都不应产生污染物。

3. 协调

（1）设置的地名标志要符合原有的景观美学要求，要与原有的人文和自然景观相协调，体现继承传统和创新发展相结合，鼓励运用灵活多样的艺术创作，美化环境。

（2）不得影响供电、供气、供暖、供水、排水和通信及其他管（杆）线等公共设施的功能。

4. 规范

（1）指示明确。地名标志是用来指导人们出行的一种工具，所以，地名标志上书写的信息一定要准确，当指示地理实体的信息发生改变时，地名标志要及时更新。地名标志的设置位置和数量也要适宜，避免由于位置摆放得不准确而造成信息混乱的情况，也要避免由于设置数量不足而造成指示不到位的现象。

（2）书写符合相关的标准要求。地名标志是法定的国家标志物，地名标志的书写、拼写内容及形式具有严肃的政治性，涉及国家主权和尊严，涉及民族政策，故地名标志的书写和拼写必须符合《地名 标志》国家标准的要求。

（3）一定区域内，同类地名标志的材质工艺应尽量保持一致。在“国道两侧设标”工作中就规定“一般以省（自治区、直辖市）为单位统一选定一种质料，或在一省境内的一条国道线上选定一种质料”。统一的材质和工艺，一方面，可以通过规模生产降低设标成本；另一方面，通过统一设计，在人们意识中形成一种固定印象，从而看到这种设施的第一反应就知道是地名标志，节省人们寻找地名标志的时间。

二、设置高度

1. 一般情况下的设置高度

一般情况下，立柱式、悬臂式和附着式地名标志的下边缘距地面的高度不宜小于2m。小于2m时，标志的边角应为圆弧形，圆弧形的半径宜为标志版面宽度的0.1倍，其示意图如下。这里要特别指出，有些地方在设置地名标志时，将标志用边角为圆弧形的边框封包起来，这也可以达到避免磕碰行人的目的，也值得推广。

2. 一些附着式地名标志的设置高度

（1）楼地名标志一般设置在楼的第二层适当位置。

（2）大门地名标志一般设置在门左边或右边适当位置，高度一般

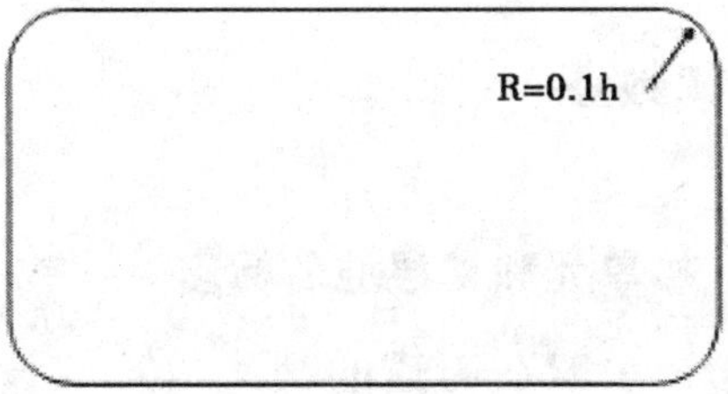

要高于 2m；中门和小门地名标志一般设置在门上方居中位置。

（3）楼单元地名标志一般设置在门上方居中位置。

3. 大型地名标志的设置高度

大型地名标志一般设置在较宽道路两侧，故我们这里以开车的司机作为研究对象说明大型地名标志的设置高度。地名标志的高度应根据司机读完地名标志信息后的位置，到地名标志设置位置的距离，以及相应的视角，按照几何学原理计算：

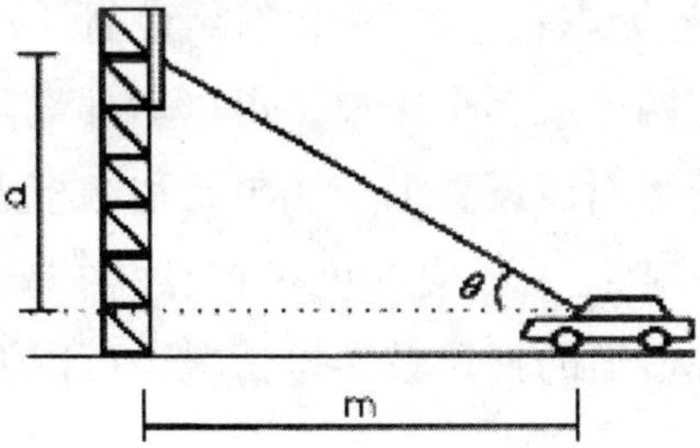

图 4－1　司机观察标志面距离示意图

公式是：$d \leqslant m \times tan\theta$。

上式中，m 表示读完地名标志后到标志的距离，θ 表示在消失点（司机通过前挡风玻璃见不到标志面中心线以上的位置）地面与标志面中心线的仰角（θ 一般为 15°）

现举例说明。若一个行政区域地名标志出现在公路旁（非正对路面标志），根据前述公式以及实验，读完点到标志的距离为 100m，则：

地名标志的高度 ≤ 100 × tan15°，也就是地名标志高度小于等于 26. 79m。

三、设置位置和数量

1. 街、巷、楼、楼单元和楼层地名标志

（1）街地名标志：一般在街道的交叉口均应设置街地名标志，当两个交叉口间距大于200m时，可以适当增加街地名标志的数量。必要时，如双向四车道及以上的较宽街道，可在街道两侧同时设置街地名标志。

（2）巷地名标志：一般应在巷的一侧的两端各设置1个巷地名标志。

（3）楼地名标志：一般在楼的醒目一面设置1个楼地名标志。必要时，如楼宇占地面积较大，可以在不同楼面设置2个或多个楼地名标志。

（4）楼单元地名标志：一般一个单元设置1个楼单元地名标志。必要时，如该单元有两个或多个出口，可以增加设置楼单元地名标志的数量，基本上保证每个出口设置1个楼单元地名标志。

（5）楼层地名标志：一般应在电梯或楼梯口设置1个楼层地名标志。必要时，如出现楼道的拐角较多等情况，可以增加设置楼层地名标志的数量。

2. 区域地名标志

如果要设置地名标志的地理实体是一个区域，一般应在该区域交通路口附近的明显位置，设置1个地名标志。此时应通过以下两个方面确定具体位置：

（1）地名标志指代的区域。地名标志的设置位置由所指代的区域决定，不能游离到所指代的区域之外。

（2）地名标志的作用。当地名标志要对车辆或行人起到引导作用时，就要突出这种作用的效果。地名标志的设置位置必须在车辆或行人到达该区域的道路口之前的地点设置。

3. **几种特殊情况**

（1）行政区域地名标志应遵循上级区域标志优先的原则。从理论上说，在任何省际一条界线，它既是省界，也可以是地级、县级、乡级界线。在这种情况下，可以同时设置四级地名标志。但为了简洁、清晰，只设立省级行政区域地名标志。同理，在地级行政区域交界地区，优先设置地级行政区域地名标志。县级行政区域地名标志也一样。

（2）设施地名标志一般设置在设施所在区域的交通道路上，且应在各主要道路沿线的路口连续设置，起到引导的作用。

（3）纪念地和旅游地地名标志一般设置在通往纪念地和旅游地的道路上，应该在各主要道口连续设置。也可以设置经过纪念地和旅游地区域的公路和铁路线上。

（4）海域地名标志一般设置在海岸边主要交通路口和旅游地等与人类活动密切相关的公共场所。

海域中的岛或礁。面积较大时，一般可以在海岸边主要交通路口和旅游地等与人类活动密切相关的地方设置；面积较小时，一般可以以最大限度地保证人们可视为目的进行设置。例如，可以设置在岛（或礁）的最高点上或者岛（或礁）登陆的地方。

四、地名标志的安装角度

地名标志的安装角度是指地名标志与道路中心线的夹角。当地名标志设在曲线路段时，安装角度是指地名标志与曲线道路的切线方向的夹角。地名标志的安装角度根据地名标志的性质和具体设置地点的情况确定。

一般情况下，有斜角安装、平行安装和垂直安装三种方式。

1. **斜角安装**

地名标志的安装角度大于0°小于90°。由于这种安装方式具有可视性好的特点，所以最好采用此种方式安装地名标志。但是由于采用此种方式安装地名标志可能存在影响道路通行的问题，所以采用此种方式时，要对设置环境进行充分的研究，避免阻塞道路。

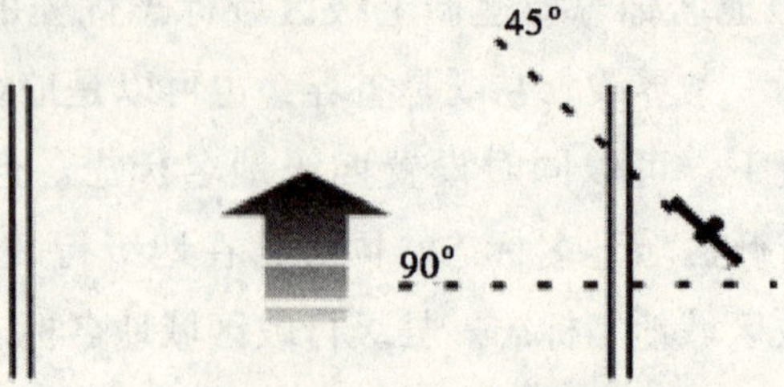

图 4－2　斜角安装示意图

2. 平行安装

地名标志的安装角度为 0°。一般情况下在不能采用斜角安装的情况下，采用这种安装方式进行安装。

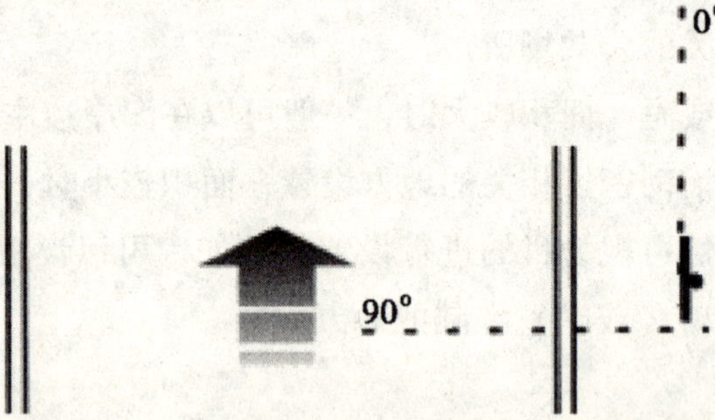

图 4－3　平行安装示意图

3. 垂直安装

地名标志的安装角度为 90°。悬臂式地名标志原则上按照这种方式安装。

地名标志的标志版面一般应该垂直于地面安装，只有在特殊情况下才允许倾斜安装。如在特殊地区，为防止积雪在标志上黏结，可以前倾 20°角安装。

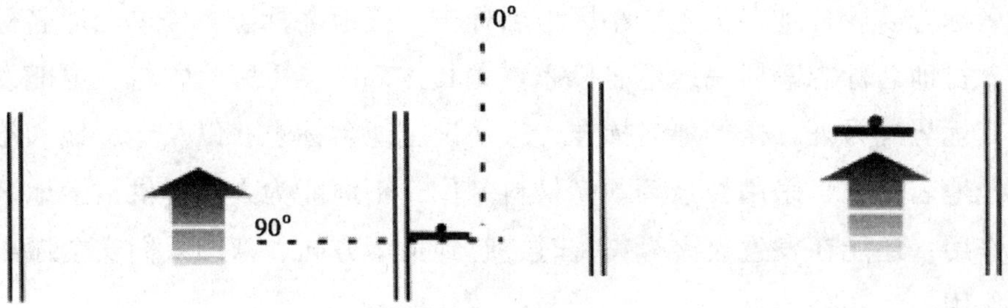

图 4－4　垂直安装示意图

五、设置环境对地名标志材质的影响

地名标志的设置环境对地名标志的材质有很大影响，因而要根据材质的特性确定哪种环境安装哪类材质的地名标志。

1. **反光地名标志**

反光地名标志的夜间发光功能属于定向被动发光，一般应有灯光照射在其表面才能发挥反光作用。根据反光材料定向被动发光的特性，地名标志安装时，应充分考虑到要给标志提供发挥其定向被动发光功能的条件。故此类地名标志适用于制作靠近道路附近的海域地名标志、水系地名标志、地形地名标志、行政区域地名标志、专业区地名标志、设施地名标志，以及纪念地和旅游地地名标志，街地名标志、临街的大门地名标志、区片地名标志、小区地名标志、楼地名标志、村地名标志等居民地地名标志也可以采用这类材质制作。

设置时，最好采用垂直安装或斜角安装的方式，采用斜角安装时，安装角度一般要大于 45°。

2. **长余辉蓄光地名标志**

长余辉蓄光地名标志所使用的长余辉蓄光材料，属于环保型、节能型的化工原料。其夜间发光功能的特点，初始亮度较高，亮度衰减较快，然后有一个长长的余辉时间，靠余辉亮度，向人们显示地名标志的内容。根据这一特点，长余辉蓄光地名标志，一般应设置在夜间光线较弱的地带，没有外界激发光源的环境更为适宜。例如，巷地名标志、门地名标志、区片地名标志、小区地名标志、楼地名标志、楼单元地名标志、村地名标志等居民地地名标志。尤其在郊区、山区、农村，更能发挥其优势。另外，楼层地名标志、一些设施地名标志，以及纪念地和旅游地地名标志，采用长余辉蓄光材料制作，不但能为人们提供指示地名的作用，还能在发生火灾等灾害时，起到指示方向、帮助人们安全撤离等作用。

3. LED 地名标志

主要适用于制作城市中的各种发光地名标志，适于在城市的主要繁华街道上设置。特别是在有景观需要的地方，因其美观的外形、柔和的发光亮度，对于亮化城市、改善城乡景观环境具有重要意义。

4. 金属腐蚀地名标志

一般适用于制作门、楼、楼单元等地名标志。此外对于一些有景观需要的纪念地和旅游地地名标志，也可以采用此种工艺制作。

第二节　制作原则

制作地名标志主要把握以下几个原则。

一、准确性

地名标志最主要的功能是示位功能。如果地名标志的书写内容不准确，或是地名标志没有安装到正确的位置，就不能正确发挥其示位功能，甚至误导行人。因而，地名标志提供的信息必须准确，做到“名副其实”。

二、易辨性

地名标志是人们识别所标示的实体所在位置的设施，必须易于辨认，标志上的文字和图形符号必须清晰。人们在识别地名标志时的运动状态千差万别，可能步行，可能骑自行车，也可能开车，因此在设置地名标志时，要充分考虑各类使用对象，尽量保证大多数使用者都能正确、及时地辨别地名标志。

三、适用性

用于制作地名标志的材质很多，如常用的金属材质有铜、铝、不锈钢等，常用的非金属材质有玻璃钢等；地名标志按工艺划分的产品类型也很多，有我们前面章节中讲过的长余辉蓄光地名标志、反光地名标志、金属腐蚀地名标志、LED 地名标志等等。哪种产品用于哪些环境，用什么材质制作，必须进行科学分析，在了解各种工艺和材质的性质，以及安装环境的特点后，做出正确的选择。如采用铜板制作的金属腐蚀地名标志，在湿度过大的环境中一般不能使用，因为在这种环境中，更容易产生所谓的“铜绿”，使标志表面锈迹斑斑。

四、经济性

制作地名标志时，还要考虑地名标志的经济性。这里讲的经济性并非简单的便宜，而是在综合各方面因素之后，达到最佳效果的一种经济选择。地名标志如果采用过于复杂的加工工艺或者选用价钱较高的材质，势必会增加地名标志产品的成本。但对于一些有特殊景观需求的地名标志，如果采用低质的材料或过于粗糙的加工工艺，则地名标志的质量很难得到保证，耐久性差，也达不到预期的景观效果。因此，单纯地强调经济性或者强调地名标志的材质工艺，都不能达到预期目的，必须将两者结合起来，综合考虑。

地名标志的经济性与工艺、材料的选择是密切相关的。制作地名标志时，必须按照现有的物质条件、工艺条件、环境条件和经济条件，统一规划、统一设计，以期达到满足人们出行、节约社会成本、美化周围环境的目的。

五、艺术性

地名标志的艺术性是在准确标明地理实体名称的前提下，把美学观点和艺术处理的手段融合在整个地名标志制作中。利用工艺、材料等条件，充分体现出产品的造型美及色彩美，使产品具有显著的艺术特色。

六、先进性

好的地名标志能反映出时代科学技术的面貌，也能体现现代的审美观。各个不同的阶段，都会出现一些具有代表性的地名标志产品。当然，我们并不否认传统的工艺和造型，并不否定传统技术的作用。由于对地名标志的理论研究不断深入，特别是由于经济社会的不断发展，越来越多的地理实体需要设置地名标志，这必然需要更多种工艺制作的地名标志去适应这些环境。例如，我们比较熟悉的金属腐蚀地名标志，就是一个具有悠久历史的生产工艺，其优良的性能和鲜明的特点，使这种产品在地名标志领域，仍然有很大的应用空间。现在，在原有工艺的基础上，人们也不断地发展更新金属腐蚀工艺，出现了诸如环保型金属腐蚀工艺等，这也是地名标志产品先进性的重要体现。

社会在发展，科学在发展，技术在发展，这为地名标志的发展提供了必要的条件，也为地名标志的发展提出了相应的要求。因而，地名标志生产企业应不断创新，开发出适合时代特点的新工艺、新技术、新造型，在不断提高产品质量和性能的同时，做强做大企业。

第五章 地名标志的版面要求

地名标志的版面要求主要包括文字、图形符号、指示方向信息、邮政编码、颜色、尺寸规格以及外观等的要求。

第一节 文字要求

地名标志的文字包括汉字和汉语拼音两部分，有时还包括少数民族文字。本节主要介绍它们的书写内容要求和布局要求。

一、基本要求

1. 一般情况下，汉字、汉语拼音的书写顺序是从左至右横写，少数民族语文字按照本语言书写顺序要求书写。不同文字不在同一行排列。一般情况下，不同文字按行的排列顺序，自上往下依次是：少数民族文字→汉字→汉语拼音字母。

2. 使用国家规定的规范汉字，禁止使用繁体字、异体字和自造字。

3. 同一地名标志上标示相同内容的文字大小应一致，字与字之间的间距一致。

4. 文字端正，笔画清楚。

二、汉字要求

对地名标志汉字的要求，主要包括汉字的字体、汉字的大小和汉字的字间距。

1. 汉字字体

汉字的字体繁多，人们对不同的字体的易读性有着明显的区别。地名标志用的汉字不仅要满足行人的需要，还要满足驾车人在运动状态下、较短时间内快速认读的需要。因此，地名标志的用字必须选择合适的字体，满足各种行进状态下人们的需要。

根据交通部门对字体进行的可比尺寸的对比实验研究，一个字的易读性在很大程度上受其高度、笔画粗细等影响。如宋体的笔画横细竖粗，其细的笔画将成为视觉系统能够分辨它们的关键制约因素，从而影响对整个汉字的辨认。实验表明，根据不同字体的粗细尺寸和视觉系统对其分辨能力，可以初步确定粗等线体的视认性较好。但目前尚没有粗等线体字库，不利于推广应用，而黑体字在形式和结构上基本符合粗等线体的要求，故本标准规定地名标志上的汉字采用黑体字书写。

2. 汉字大小

汉字作为方块文字，其大小由字高和字宽确定，汉字字体确定为黑体后，字高和字宽的比例就已经确定下来。通过研究我们发现大部分黑体字的字高和字宽的比都接近1:1。所以，在以下的研究中，黑体字高宽比按照1:1来计算。为简便起见，我们只要确定地名标志汉字的高度，就可以确定整个汉字的大小了。当然这并不是说，各地在实际书写地名标志的汉字时，必须使用这一比例，也可以根据实际情况，对该比例进行适当调整。

对于设置在城镇中的地名标志，由于设置地点的人口较为密集，其主要适用对象是行人、骑自行车人和车辆行驶较慢的司机。汉字的大小主要根据《地名　标志》国家标准中规定标志版面的大小，地名汉字的多少，结合美学原理，根据实际情况来确定。

而对于设置在城镇以外的地名标志，尤其是设置在道路两侧的大型地名标志，例如行政区域地名标志等，其主要适用对象是车辆行驶较快的司机。根据最差限制率原则，即汉字的大小往往由运动速度快的来决定，我们以司机为研究对象。交通部门通过对这一情况下汉字的研究，得出汉字高度与司机的视力和车速的关系如下表所示。

表 5－1 车速、司机视力与字高对照表

视力 \ V / h cm	120km/h 3333.33cm/s	100km/h 2777.8cm/s	80km/h 2222.2cm/s	60km/h 1666.7cm/s	40km/h 1111.1cm/s
1.5	38.5	32.1	25.7	19.3	12.8
1.0	57.6	48.0	38.4	28.8	19.2
0.7	82.4	68.6	54.9	41.2	27.5

由于我国目前各地对司机的视力要求多数是0.7以上（包括矫正视力），因而，根据上表的结论，按照满足视力为0.7的基本要求，对地名标志汉字高度作出规定。其中，高速公路两侧的地名标志，按车速为120km/h计算，地名汉字高度为820mm左右；国道、省道两侧的地名标志，按车速为80km/h计算，地名汉字高度为550mm左右；交通路口处的地名标志，按车速为60km/h计算，地名汉字高度为400mm左右。

3. 字间距

地名标志上的汉字与汉字之间必须留出一定间距，以便于认读和识别。由于不同地名标志的汉字数量不相同，因此，不对汉字字间距作统一规定。但是，最好不要低于汉字高度的1/10。

三、汉语拼音要求

地名标志上对汉语拼音的要求包括汉语拼音字母的拼写规则、字体、大小和间距等几个方面。

1. 地名标志上的地名汉语拼音字母拼写规则

地名标志上的地名采用汉语拼音方案拼写，是我国相关法律法规的要求，是实现中国地名标准化的重要途径，是中国地名国际标准化的具体体现。具体的拼写方法在《中国地名汉语拼音字母拼写规则（汉语地名部分）》中已经有了明确的规定。下面我们着重介绍在拼写中需要注意的几个问题：

（1）地名标志上汉语拼音字母一律大写。

（2）地名中的数词用拼音字母拼写，如五四大街，拼写为“WUSI DAJIE”。地名中的代码和街巷名称中的序数词用阿拉伯数字书写，如南八马路，“八”用阿拉伯数字书写，数字前加短横，拼写为“NAN－8 MALU”。地名中的代码比较好理解，但是地名中的数字什么时候是地名中的数词，什么时候是街巷名称中的序数词呢？例如，“五四大街”，就要看看有没有“五三大街”和“五二大街”。如果没有，那么这里的“五四”没有序数关系，就是地名中的数词，用拼音拼写；“经一路”、“经二路”，这里的“一”和“二”有序数关系，用“1、2”拼写。

（3）需要移行时，要注意以音节为单位，上行末尾加短横，不能把同一个音节的几个字拆开进行移行。同时也要注意保持词组的完整性。例如，东直门外南后街，如果需要移行，理论上可以移行为“DONGZHIMEN－（换行）WAI NANHOUJIE”，但是为了保持词组的完整性，易于人们辨认，则正确移行应为“DONGZHIMENWAI－（换行）NANHOUJIE”。

（4）汉语拼音字母不标声调。

（5）少数民族语地名汉语拼音拼写，按照《少数民族语地名汉语拼音字母音译转写法》执行。

2. 字体、大小和间距

参照上述对地名标志中汉字的要求，汉语拼音的字体为黑体，拼音字母的高度一般为同一地名标志中汉字高度的1/2。最小字母间距一般不低于一个大写拼音字母宽度的1/5。

四、少数民族文字要求

民族自治地区的地名标志上，除了使用汉字和汉语拼音外，可以同时使用当地通用的少数民族文字。

参照上述对地名标志中汉字和汉语拼音的要求，少数民族文字的字体为黑体，文字的高度一般为这个地名标志中汉字高度的3/10。

五、文字布局要求

地名标志上文字布局在《地名　标志》国家标准中已经介绍得很详细了，但是使用者往往会觉得有些复杂。为了便于理解和掌握，地名标志的文字布局可以归纳为一般布局和特殊布局两种。

1. 一般布局是“上部五分之三的区域标示地理实体的汉字名称，下部五分之二的区域标示地理实体名称的汉语拼音”，这种文字布局适用于海域、水系、地形、行政区域、专业区、设施、纪念地和旅游地地名标志，街、巷、区片、小区、村等居民地地名标志，以及横置的碑碣式地名标志。

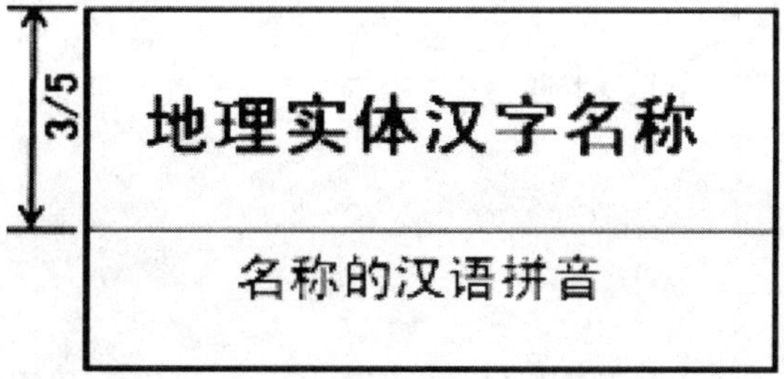

图5－1　地名标志文字一般布局示意图

2. 特殊布局有以下几种情况：

（1）“中部五分之三的区域标示”，这种文字布局适用于楼单元地名标志和楼层地名标志。

（2）门地名标志上部五分之二的区域标示汉字名称，下部五分之

图5-2 地名标志文字特殊布局示意图1

三的区域标示编号。

图5-3 地名标志文字特殊布局示意图2

（3）楼地名标志汉字名称标示在左边上部五分之三的区域，汉语拼音标示在左边下部五分之二的区域。右边五分之二的区域标示楼宇编号。

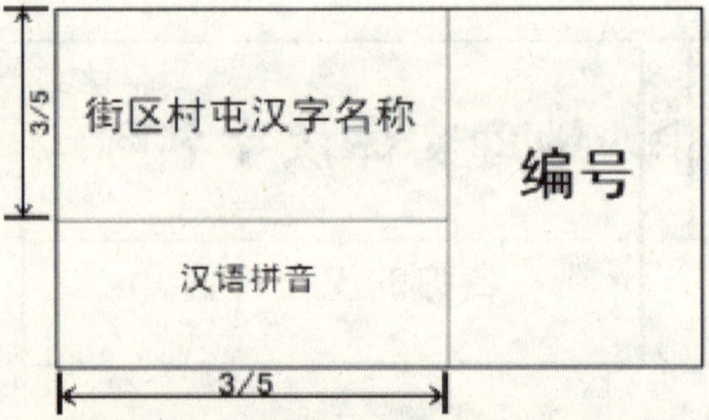

图5-4 地名标志文字特殊布局示意图3

（4）竖置的碑碣式地名标志上部五分之四的区域标示汉字名称，下部五分之一的区域标示汉语拼音。

（5）一般情况下，标示少数民族文字时，少数民族文字在汉字名称之上。原汉字名称图文书写区域的上部三分之一的区域标示少数民族

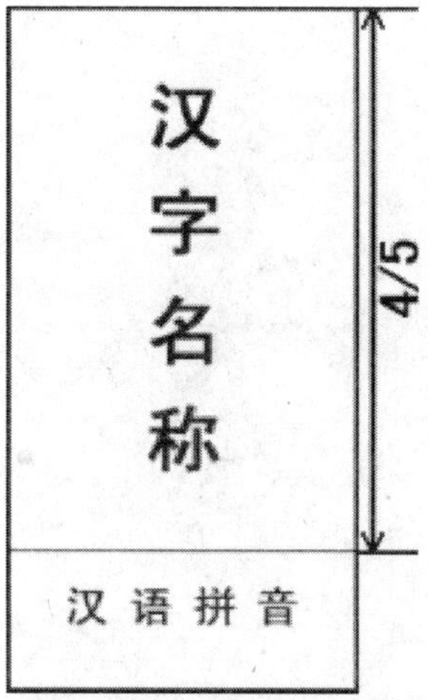

图 5－5　地名标志文字特殊布局示意图 4

文字，下部三分之二区域标示汉字名称，其他部分比例不变。

图 5－6　标有少数民族文字的地名标志示意图

碑碣式地名标志竖置时，少数民族文字标示在汉字名称之下，其中上部五分之三的区域标示地理实体的汉字名称，中部五分之一的区域标示少数民族文字，下部五分之一的区域标示汉语拼音。汉字名称竖写，少数民族文字和汉语拼音横写。

六、地名标志标示内容的几种特殊情况

1. 楼地名标志

根据楼宇与周围街巷、村屯的关系，楼地名标志上书写的内容有以

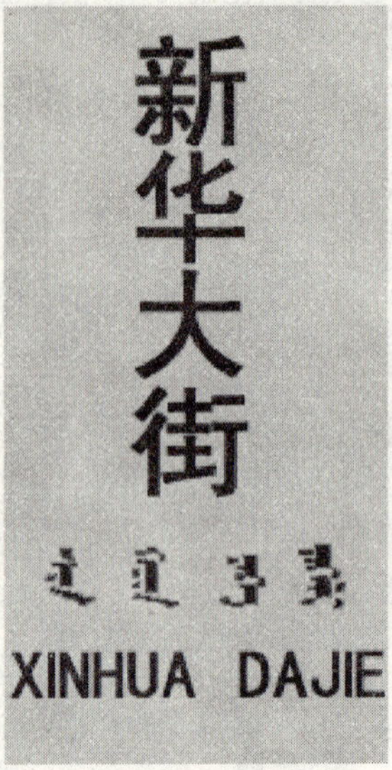

图 5－7　标有少数民族文字的竖置碑碣式地名标志示意图

下三种情况。

（1）楼宇位于一个封闭的，或者有明显界限的小区内，且在该小区的明显位置已经标示出该小区的门地名标志。这种情况下，在楼地名标志左侧五分之三的区域只要标示该小区的名称和小区名称的汉语拼音即可，右侧五分之二的区域标示楼宇编号。如图 5－8 所示。目前大多数楼地名标志采用此种方法。

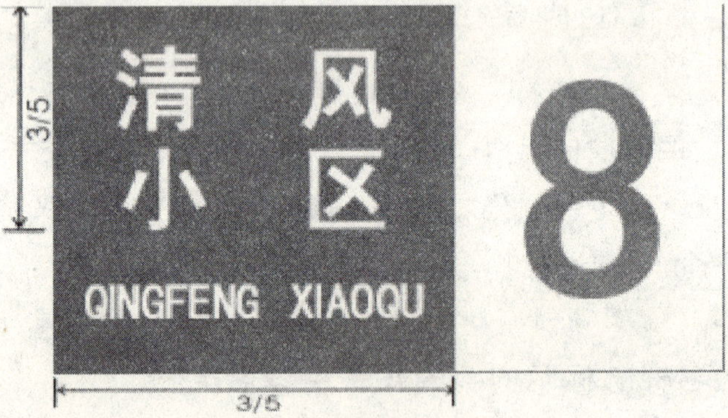

图 5－8　楼地名标志示意图 1

（2）楼宇位于一个不封闭的，也没有明显界限的小区内，也无法找到一个适当的位置标示出该小区的门地名标志，且该小区由多栋楼宇构成。

这种情况下，在楼地名标志左侧五分之三的区域不但要标示该小区的名称和小区名称的汉语拼音，而且还要标示出楼宇所在街巷、村屯及其门牌号码。右侧五分之二的区域标示楼宇编号。如图 5－9 所示，图例中楼地名标志指代的是“幸福大街 5 号院”的“清风小区”的“第 5 栋楼”。

图 5－9 楼地名标志示意图 2

（3）对于独栋楼宇，在楼地名标志左侧五分之三的区域只需标示楼宇所在街巷、村屯的名称和名称的汉语拼音，右侧五分之二的区域标示门编号。即用楼地名标志的形式表达门地名标志的内容。如图 5－10 所示，图例中楼地名标志指代的是“幸福大街 5 号”。

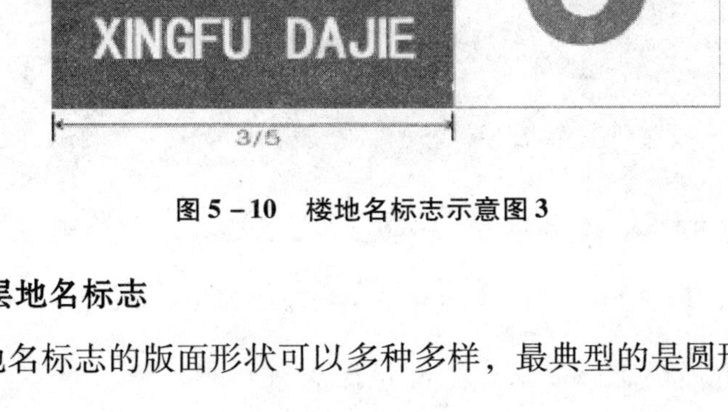

图 5－10 楼地名标志示意图 3

2. 楼层地名标志

楼层地名标志的版面形状可以多种多样，最典型的是圆形。根据实际情况，还可以是椭圆形、正方形、三角形和长方形等等。

地上一层可以用“1”表示，也可以用“F1”等形式表示。地下一层可以用“-1”表示，也可以用“B1”等形式表示。

3. **地级、县级和乡级地名标志**

根据实际情况，地级、县级和乡级地名标志上也可以标示所示区域的上级行政区域的名称。其中，地级、县级地名标志上部四分之一的区域标示其所在省、直辖市、自治区的汉字名称，中部二分之一的区域应标示该行政区域的汉字名称，下部四分之一的区域应标示该行政区域名称的汉语拼音。如图 5-11 所示。

图 5-11　标有上级行政区域名称的地级地名标志示意图

乡级地名标志上部四分之一的区域标示其所在县级行政区的汉字名称，中部二分之一的区域应标示该乡镇的汉字名称，下部四分之一的区域应标示该乡镇名称的汉语拼音。如图 5-12 所示。

图 5-12　标有上级行政区域名称的乡级地名标志示意图

4. 村地名标志可以根据实际情况，标示村所在乡级行政区域的名称，甚至还可以再标示所在县级行政区域的名称。

5. 标示少数民族文字时，当汉字、汉语拼音字母和少数民族文字过多，可以在保持标志的尺寸规格不变的前提下，适当调整字体大小和各部分所占版面比例。例如，由于蒙文书写的特殊性，无法按照前述的“原汉字名称图文书写区域的上部三分之一的区域标示少数民族文字，下部三分之二区域标示汉字名称，其他部分比例不变”的要求制作地名标志，故可以适当缩小汉字、汉语拼音（或邮政编码）之间的距离，为书写蒙古文字留出一定空间，使地名标志在总体布局上做到协调统一。如图 5－13、图 5－14、图 5－15 所示。

图 5－13　标有上级行政区域名称的村地名标志示意图 1

图 5－14　标有上级行政区域名称的村地名标志示意图 2

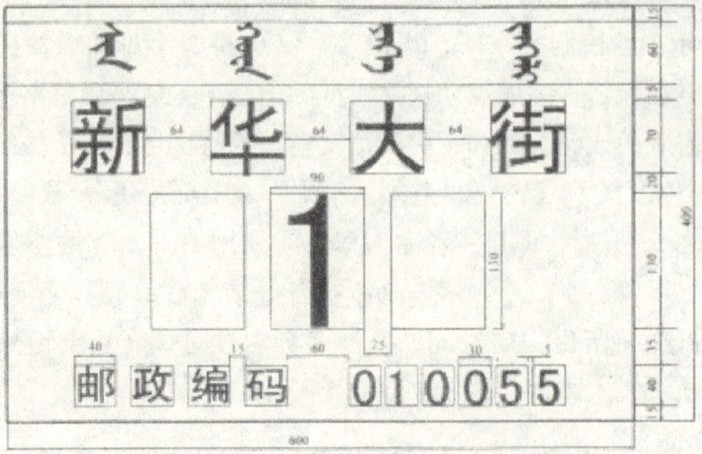

图 5－15　标有蒙文门地名标志的版面布局示意图

第二节　图形符号、指示方向信息和邮政编码要求

地名标志版面上主要标示的内容是汉字、汉语拼音，有的时候还要标示少数民族文字。除此之外，为了更加清晰地表示地理实体的特征、方位等信息，充分发挥地名标志作为一种公共信息的综合效应，还可以增加图形符号、指示方向信息和邮政编码等。

一、图形符号要求

1. 图形符号的概述

图形符号的定义是：具有特殊含义的视觉可识别图形，用于传达非语言信息。图形符号作为一种高度精练的象征图形，具有表现力丰富和形态简洁的特征。图形符号按其应用的领域可以分为三大类：标志用图形符号、设备用图形符号和技术文件用图形符号。《地名　标志》国家标准封面右上角的“GB”这个符号就是技术文件用图形符号，而地名标志使用的图形符号主要是标志用图形符号。

GB/T 16900 — 1997《图形符号表示规则　总则》中规定，标志用图形符号主要包括公共信息用符号、安全标志用符号、交通标志用符号和包装储运标志用符号。很显然，地名标志使用的图形符号是公共信息用符号。公共信息用符号是用于向公众传达非语言信息的符号，公众不需要依赖于专家或专业培训就可以理解其含义。这种符号的一个显著特点是一目了然、通俗易懂，无须经过专业或职业训练即可理解（如不允许吸烟、紧急出口等的图形符号），它可使不同国家、不同文化程度、使用各种语言和方言的人均易于理解，是一种“国际语言”。准确、有序、恰当地使用标准化图形符号，不仅能向人们准确地传递地名信息，增强城市的指示和识别功能，而且还能起到美化环境的作用。

2. 图形符号在地名标志中的应用范围

图形符号在地名标志上的应用非常广泛，主要应用于车站、海港、河港、渡口、飞机场、公路桥梁、铁路桥梁、城镇内的立交桥、过街桥、隧道、城镇内的地下通道、环岛、水库、堤坝、运河、发电站、输变电站等各种设施的地名标志。此外，在矿区、自然保护区等专业区以及风景区、公园等纪念地和旅游地的地名标志上，也可以设置一些图形符号。

3. 地名标志上图形符号的应用原则

图形符号对于人们理解地理实体的特征具有重要意义，这与地名中的通名有异曲同工之处。与通名相比，图形符号表示地理实体的特征更为专一和准确，但是这并不代表所有的地名标志都可以增设图形符号。在地名标志上使用图形符号，应遵循以下原则：

（1）简洁

在决定是否在地名标志上增设图形符号时，首先考虑到的是，采用最小的信息量，达到使人们充分理解地名标志的目的。否则图形和文字等信息太多，人们要么被弄得不知所措，要么不愿意细看，从而忽视地名标志的整体含义。因而，在地名标志上使用图形符号的首要原则是简洁原则。

（2）清晰

地名标志上使用的图形符号一定要清晰。图形符号设置不清晰，不但起不到促进人们理解地名标志的目的，而且还可能会影响人们对整个标志的视读，甚至会误导使用者。因而必须保证图形符号的清晰效果。同时，在地名标志上图形符号区域内适当留有空间也有助于标志整体的可读性。

（3）一致

地名标志上图形符号应恰当选择，并在使用中保持一致。有对应国家标准的图形符号，要按照国家标准的要求制作；对于没有国家标准的图形符号，一般不建议在地名标志上使用，避免造成不必要的信息混乱。

4. 地名标志使用图形符号的要求

（1）图形符号的设计和制作应符合相关的国家标准。制作地名标志时，如果使用图形符号，可以参考的国家标准见下表。

表 5－2　图形符号相关的国家标准

序号	标准编号	标准名称
1	GB/T 1252 — 1989	图形符号　箭头及其应用
2	GB/T 5845. 9 — 1986	城市公共交通标志　运行线路图形符号
3	GB/T 10001. 1 — 2006	标志用公共信息图形符号　第 1 部分：通用符号
4	GB/T 10001. 2 — 2006	标志用公共信息图形符号　第 2 部分：旅游休闲符号
5	GB/T 10001. 3 — 2004	标志用公共信息图形符号　第 3 部分：客运与货运符号
6	GB/T 10001. 4 — 2007	标志用公共信息图形符号　第 4 部分：运动健身符号
7	GB/T 10001. 5 — 2006	标志用公共信息图形符号　第 5 部分：购物符号
8	GB/T 10001. 6 — 2006	标志用公共信息图形符号　第 6 部分：医疗保健符号
9	GB/T 10001. 10 — 2007	标志用公共信息图形符号　第 10 部分：铁路客运服务符号
10	GB/T 15565 — 1995	图形符号　术语
11	GB/T 16900 — 1997	图形符号表示规则　总则

续表

序号	标准编号	标准名称
12	GB/T 16903.1 — 1997	图形符号表示规则　标志用图形符号　第 1 部分：图形标志的形成
13	GB/T 20501.1 — 2006	公共信息导向系统　要素的设计原则与要求　第 1 部分：图形标志及相关要素
14	GB/T 20501.2 — 2006	公共信息导向系统　要素的设计原则与要求　第 2 部分：文字标志及相关要素
15	GB/T 20501.3 — 2006	公共信息导向系统　要素的设计原则与要求　第 3 部分：平面示意图和区域功能图
16	GB/T 20501.4 — 2006	公共信息导向系统　要素的设计原则与要求　第 4 部分：街区导向图
17	GB/T 20501.5 — 2006	公共信息导向系统　要素的设计原则与要求　第 5 部分：便携印刷品

（2）图形符号必须及时更新，避免在地名标志上出现过时的图形符号，造成信息混乱。

（3）设置图形符号时，地名标志左边五分之二的区域标示图形符号，右边五分之三的区域标示地理实体的汉字名称和汉语拼音，其中汉字名称标示在上部五分之三的区域，汉语拼音标示在下部五分之二的区域。如图 5－16 所示。

图 5－16　标有图形符号的地名标志示意图

二、指示方向信息要求

街、巷地名标志可增加标示街、巷走向的指示方向信息。地名标志上指示方向信息对于帮助行人到达目的地、分清各个街道的界限和方向具有很重要的作用。指示方向信息的表达形式多种多样，下面就简单介绍几种：

1. 用文字表示指示方向信息。用“东、南、西、北”等文字来指示方向，这些文字一般标示在汉语拼音两侧适当位置，指示方向信息的文字高度与汉语拼音的高度相同。

图 5–17　标有指示方向信息的巷地名标志示意图 1

2. 采用“圆点”表示街道起点，采用“箭头”表示街道的走向。该种方法的指示方向信息标示在汉语拼音两侧的适当位置。如图 5–18 和图 5–19 所示。其中前一个图表示此处是柳荫巷的起点，这条巷子向箭头所指的方向延伸。后一个图表示此处两侧都是柳荫巷。

图 5–18　标有指示方向信息的巷地名标志示意图 2

3. 在“箭头”里书写“东、南、西、北”等指示方向的文字。如图 5–20 所示。

图 5－19　标有指示方向信息的巷地名标志示意图 3

图 5－20　标有指示方向信息的巷地名标志示意图 4

三、邮政编码要求

大门地名标志可增加所在区域的邮政编码，这样可以方便人们确定本地区的邮政编码，达到“一牌多用”的目的。

标示邮政编码时，大门地名标志上部五分之一的区域标示院落、独立门户所在街区、村屯的汉字名称。中部五分之三的区域标示该门的编号，编号用阿拉伯数字书写。下部五分之一的区域标示该门所在区域的邮政编码，在“邮政编码”四个字后空一格标示编码，编码用阿拉伯数字书写，其字号比汉语拼音字母小一号字。

在大门地名标志上标示邮政编码时，要充分考虑到该区域邮政编码变化这个问题。2006 年全国的邮政编码进行了一次大规模调整，将代码由四层六位调为三层六位。地名标志的管理部门要与邮政部门及时取得联系，确保邮政编码的实时性和准确性。

第三节　颜色、尺寸规格和外观要求

颜色和尺寸规格是地名标志的重要组成部分。颜色涉及地名标志的美观、与周围环境协调等因素，更主要的是涉及公共安全；尺寸规格是地名标志标准化的一个重要方面。此处讲的地名标志的“外观”，侧重的是地名标志的表面质量。

一、颜色要求

地名标志的颜色主要包括标志的背景颜色、标志上文字和图形的颜色以及标志支撑物的颜色三个方面。下面主要介绍地名标志的背景颜色和标志上文字和图形的颜色。

1. 确定颜色的基本原则

确定地名标志的背景色、标志上文字和图形的颜色时，应遵循以下原则：

（1）安全。当地名标志出现在道路等交通场所时，安全是确定地名标志颜色的首要因素。因此，要按照国家质量监督检验检疫总局2001年9月15日批准的GB 2893—2001《安全色》国家标准中有关要求，作为确定地名标志颜色的基本依据。

（2）科学。地名标志的文字（包括汉字、汉语拼音、数字及少数民族语文字）颜色、书写区背景颜色、图形符号的颜色、边框颜色的选取和搭配，应该符合颜色科学搭配原理，达到简洁、醒目、清晰。同一地名标志上的颜色不能色种过多，以便于人们识别和判读，准确传递地名信息。

（3）协调。同一种地名标志颜色的选取和搭配必须协调一致。同时还要尽量做到地名标志的颜色与地名所指代地理实体的性质、特征相符合。

（4）美观。地名标志在传递地名信息的同时，应该给人以美的享受。不仅地名标志的整体结构要符合美学要求，颜色及颜色搭配也要符合美学原理，满足人们的审美需求，使地名标志发挥出装点、美化环境的作用。

2. 颜色的选取和应用

在《地名　标志》国家标准中，地名标志使用的颜色主要包括红、蓝、白、黑、绿、棕六种，分别应用于不同类型的地名标志。

（1）红色一般用于楼地名标志编号和金属腐蚀地名标志图形文字的制作。

（2）蓝色一般用于标志的背景颜色，应用的范围较广。如街巷地名标志、设施地名标志、行政区域地名标志等均以蓝色作为背景颜色。

（3）黑色主要用于金属腐蚀地名标志图形文字的制作。

（4）白色一般用于文字的颜色和图形符号的背景颜色。制作文字时，白色应用范围最广泛，街巷地名标志、设施地名标志、行政区域地名标志、自然地理实体地名标志一般都使用白色字体。带图形符号的地名标志，图形符号区域一般都用白色作为背景颜色。

（5）绿色一般用于地名标志的背景颜色，主要用于专业区地名标志，以及自然地理实体中需要突出植被、绿色景观的地名标志，如草原、草场等的地名标志。

（6）棕色是纪念地和旅游地地名标志特有的背景颜色。这主要是由于现行的旅游类指示牌的背景颜色通常为棕色，因而《地名　标志》国家标准中纪念地和旅游地地名标志的背景颜色一般也采用棕色。

3. 地名标志的颜色要求

《地名　标志》国家标准中规定，地名标志颜色应符合下表的要求。需要说明的是，表中的白色，采用长余辉蓄光材料制作时可为黄绿色或蓝绿色。

表 5－3　颜色要求

类型		背景颜色	文字颜色
居民地地名标志	街、巷地名标志	蓝色（东西走向，包括东西向的斜街）、绿色（南北走向，包括南北向的斜街）	白色
	区片、小区、门、楼单元、楼层、村地名标志	蓝色	白色
		基板颜色（金属腐蚀地名标志）	黑色或红色
	楼地名标志	左边名称区域为蓝色、右边楼号区域为白色	左边书写的文字为白色、右边书写的楼号为红色
		基板颜色（金属腐蚀地名标志）	黑色或红色
行政区域、设施地名标志		蓝色	白色
专业区、海域、水系、地形地名标志		绿色	
纪念地和旅游地地名标志		棕色	

碑碣式地名标志的背景颜色可采用其选用材质的颜色，文字颜色应采用黑色或红色。地名标志上图形符号的颜色应符合 GB/T 10001《标志用公共信息图形符号》系列标准的相关规定，并与标志材质、背景颜色以及文字的颜色协调一致。

具体实施过程中，应按照下列规定确定地名标志的颜色：

(1) 采用反光材料制作的地名标志，其逆反射部分的色品坐标和亮度因数应符合下表和下图的要求。当使用颜色的色品坐标值偏离色品图所规定的范围时，该种颜色的材料不宜用于制作反光地名标志。

表 5－4　反光材料颜色各角点的色品坐标和亮度因数

（标准照明体 D65，照明观测条件：45/0，视场角 2°）

颜色	色品坐标								亮度因数
	x	y	x	y	x	y	x	y	
白	0.350	0.360	0.300	0.310	0.285	0.325	0.335	0.375	≥0.27
红	0.690	0.310	0.658	0.342	0.569	0.341	0.595	0.315	0.03～0.10

续表

颜色	色品坐标								亮度因数
	x	y	x	y	x	y	x	y	
绿	0.007	0.703	0.026	0.399	0.177	0.362	0.248	0.409	0.03 ~0.10
蓝	0.078	0.170	0.137	0.038	0.210	0.160	0.150	0.220	0.01 ~0.10
棕	0.430	0.340	0.430	0.390	0.550	0.450	0.610	0.390	0.01 ~0.06

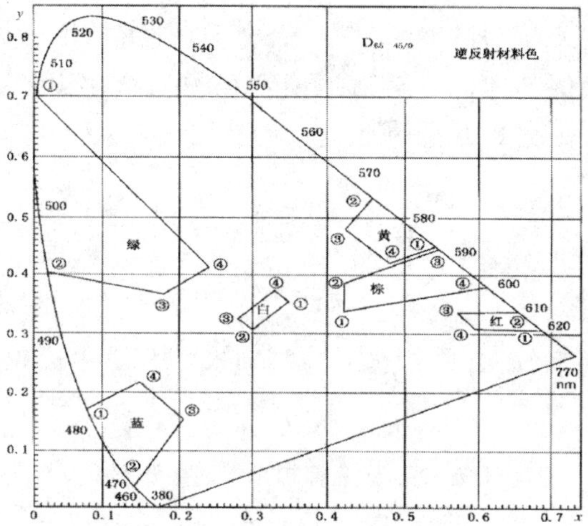

图 5-21　反光材料各种颜色色品图

（2）采用长余辉蓄光材料制作的地名标志的白色字体，颜色可以是黄绿色或蓝绿色。这是因为在现有的技术条件下，使用白色长余辉蓄光材料制作的地名标志，其激发后 10h 的余辉亮度无法达到 3mcd/m^2。而使用接近白色的黄绿色或蓝绿色长余辉蓄光材料制作地名标志，可以达到 3mcd/m^2。

（3）金属腐蚀地名标志和碑碣式地名标志可以使用基材颜色作为背景颜色。金属腐蚀地名标志使用的基板可以为铜板、不锈钢板和镀钛金板等，在 GB/T 10001.1 — 2000《标志用公共信息图形符号》中 4.3 的 d 条款中有如下描述：“金属载体的标志牌可采用载体本色作为衬底色”，故本标准中规定金属腐蚀地名标志可采用基板颜色作为背景颜色。

一些碑碣式地名标志采用基材颜色作为背景颜色，不但可以节省成本，而且可以保持标志与所在环境的整体景观效果。

二、尺寸规格要求

地名标志的尺寸规格主要包括图文书写区尺寸和外沿宽度两部分。

1. 图文书写区尺寸

地名标志图文书写区的尺寸对人们识别和辨认地名标志具有很大影响，其尺寸应确保使人们能够清晰识别和准确判读地名标志内容。图文书写区尺寸主要由所标示地理实体的汉字多少、汉字大小、汉语拼音字母多少、字母大小、行间距、字间距以及文字与图文书写区边缘的宽度等因素决定。

（1）居民地地名标志

居民地地名标志主要设置在城镇内，其尺寸规格应满足下表的要求。

表5－5　地名标志尺寸规格要求1　　单位：毫米

<table>
<tr><th colspan="3" rowspan="2">类型</th><th colspan="2">图文书写区尺寸</th><th rowspan="2">外沿宽度</th></tr>
<tr><th>长</th><th>宽</th></tr>
<tr><td rowspan="9">居民地地名标志</td><td colspan="2">街地名标志</td><td>1200～1700</td><td>300～700</td><td>≤25</td></tr>
<tr><td colspan="2">巷地名标志</td><td>460</td><td>160</td><td>≤20</td></tr>
<tr><td colspan="2">区片、小区、村地名标志</td><td>800～1700</td><td>300～700</td><td>≤25</td></tr>
<tr><td rowspan="3">门地名标志</td><td>大</td><td>570</td><td>370</td><td>≤15</td></tr>
<tr><td>中</td><td>270</td><td>170</td><td>≤15</td></tr>
<tr><td>小</td><td>150</td><td>90</td><td>≤12</td></tr>
<tr><td colspan="2">楼地名标志</td><td>900</td><td>500</td><td>≤25</td></tr>
<tr><td colspan="2">楼单元地名标志</td><td>300～400</td><td>150～200</td><td>≤15</td></tr>
<tr><td colspan="2">楼层地名标志</td><td colspan="2">直径：200～400</td><td>≤15</td></tr>
</table>

楼、小门地名标志的图文书写区尺寸沿用《地名标牌　城乡》国家标准的有关规定；街地名标志图文书写区尺寸在《地名标牌　城乡》

国家标准的基础上，扩大了尺寸范围，宽度由原来的（300～500）毫米，增加到（300～700）毫米，长度范围不变；巷和大门地名标志的图文书写区尺寸，基本沿用《地名标牌 城乡》国家标准中巷牌和门牌2的要求，只是考虑到目前市售铝合金板材的尺寸规格，本着节约的原则，在不影响标志外观整体水平的前提下，进行细微调整；上表中其他地名标志的图文书写区尺寸根据反复的对比试验确定，其中，楼单元地名标志的长宽比最好保持在2∶1。

上表中，街、区片、小区、村、楼单元、楼层地名标志的图文书写区尺寸采用一定范围的表述形式。做此规定的原因，一是考虑到同类地名标志的文字内容和文字大小差异较大，所以在不同的环境中可能需要不同尺寸规格，才能产生良好的视觉效果。二是考虑到少数民族自治地区的地名标志上需加注少数民族文字，要占用更多的版面。这些地名标志的图文书写区尺寸，应以外形比例合适、文字排布美观为原则，根据具体情况来确定。

（2）行政区域地名标志

行政区域地名标志一般设置在城市外的道路两侧，其主要的适用对象是车辆行驶较快的司机。故而，应确保司机能够清晰识别和准确判读地名标志内容。

基于“地名标志要传播的重要信息是通过相关文字实现的”这个核心，在确定地名标志的图文书写区尺寸时，首先要考虑文字的大小。前面已经讲过，地名标志使用汉字的高度和宽度的比为1∶1，因此，可以用汉字的高度（或宽度）表示汉字的大小。并在实验基础上规定：汉语拼音字母高度是汉字高度的一半。

行政区域地名标志的版面主要是一行汉字和一行汉语拼音，如图5－22所示。其中，汉字部分占整个图文书写区宽度的3/5。

如果以H表示行政区域地名标志图文书写区宽度，h表示标志中地名汉字高度，则拼音高为1/2h。通过对比实验我们规定：汉字和汉语拼音的行距为1/3h，文字与图文书写区边缘的宽度为3/5h。由此可以计算行政区域地名标志图文书写区的宽度。

H＝汉字高度＋汉语拼音字母高度＋行距＋2倍的文字与图文书写

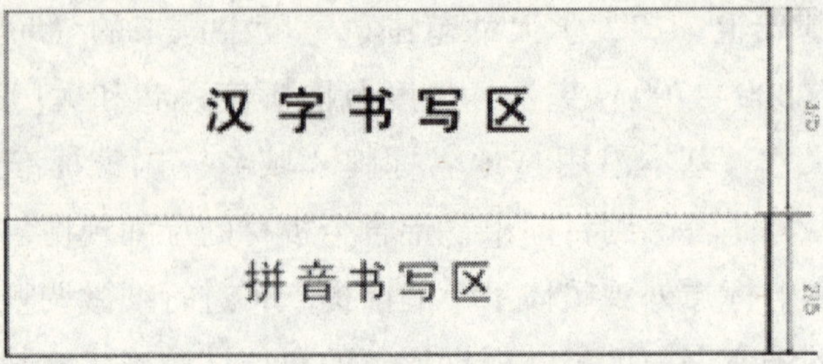

图 5-22　行政区域地名标志版面示意图

区边缘宽度

$$=h+1/2h+1/3h+2\times3/5h\approx3.05h \qquad \text{公式 4.1}$$

一般情况下，由于行政区域地名的汉字部分占用的长度最大，所以，在研究中，以行政区域地名标志的汉字图文书写区长度作为研究对象，确定整个行政区域地名标志的图文书写区长度。以 L 表示行政区域地名标志图文书写区长度，h′（数值上等于 h）表示地名汉字宽度，文字与图文书写区边缘的宽度为 3/5h′，xh′表示汉字字间距。可以计算地名字数为 n 时，地名标志图文书写区的长度。

L = n 个汉字宽度 + （n - 1）个汉字间距 + 2 倍的文字与图文书写区边缘宽度

$$=nh'+(n-1)xh'+2\times3/5h' \qquad \text{公式 4.2}$$

在研究中，以县级和地级行政区域为主要对象。根据统计，我国县级和地级行政区域名称中，通名和专名所用字数最少的有 2 个字，最多的有 15 个字。其中，总字数为 3 个的占绝大多数，比例为 83.6%，2 个字的占 6%，4 个字的占 6%，5 个字的占 6.4%。字数为 7 的也占有一定比例（见下表、图）。所以选取字数为 3 个和字数为 7 个的县级和地级行政区域地名标志图文书写区的尺寸作为行政区域地名标志图文书写区尺寸的浮动范围。随字数的增多，地名标志中汉字的字间距逐渐减小，3 个字地名标志的汉字间距为 h′，7 个字地名标志的汉字间距为 1/10h′。也就是上面公式 4.2 中，n = 3 时，x = 1；n = 7 时，x = 1/10。

表 5-6　我国县级和地级行政区域名称用字数量统计表

名称字数	2	3	4	5	6	7	8	9	10	11	12	13	15
个数	126	2699	194	48	10	73	22	19	24	8	2	1	2

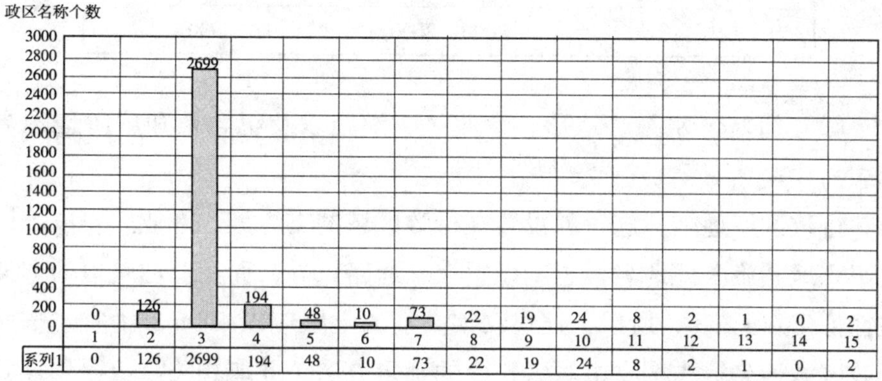

图 5-23　我国县级和地级行政区域名称用字数量柱状统计图

求得标志图文书写区的长度：

$L_{1(\text{字数为3时})} = 3h' + 2 \times h' + 2 \times 3/5h' = 6.2h' = 6.2h$

$L_{2(\text{字数为7时})} = 7h' + 6 \times 1/10h' + 2 \times 3/5h' = 8.8h' = 8.8h$

按照本章第一节的研究结果，地名汉字高度值 h 见下表。

表 5-7　地名汉字高度与行车速度对照表

速度	120km/h	80km/h	60km/h	40km/h
汉字高度 h	820.0mm	550.0mm	400.0mm	300.0mm

将汉字的高度值 h 等于 820mm、550mm 和 300mm 分别代入 H、L_1 和 L_2 所表示的公式，得到行政区域地名标志图文书写区尺寸如下表所示。

表 5-8　行政区域地名标志图文书写区尺寸

规格	数　据	
	长（mm）	宽（mm）
规格$_{120km/h}$	4900～7000	2500
规格$_{80km/h}$	3400～4800	1700
规格$_{40km/h}$	2000～2600	900

（3）海域、水系、地形、专业区、设施以及纪念地和旅游地地名标志

行政区域地名标志一般设置在行政区域的交界处，专业区、设施以及纪念地和旅游地地名标志则设置在交通路口处，而在交通路口的车速往往低于 60km/h，所以，这时汉字高度的上限应以 400mm 为宜。按照行政区域地名标志图文书写区长度的确定方法，并取相关整数得到这些地名标志长度的上限为 3000mm。

考虑到专业区、设施以及纪念地和旅游地地名标志还可能会设置在人们密切活动的公共场所，此时车速可能低于 40km/h，也即汉字高度低于 300mm。按照行政区域地名标志图文书写区长度的确定方法，并取相关整数得到这些地名标志长度的下限为 1500mm。

同理，按照行政区域地名标志图文书写区宽度的确定方法即可确定专业区、设施以及纪念地和旅游地地名标志图文书写区宽度的范围。具体见下表。

表 5-9　地名标志尺寸规格要求 2　　单位为毫米

类型	图文书写区尺寸		外沿宽度
	长	宽	
行政区域地名标志	2000～7000	900～2500	≤25
专业区地名标志	1500～3000	600～1200	≤25
设施、纪念地和旅游地地名标志	1500～3000	800～1500	≤25

其中，由于交通设施地名标志有时也会出现在城市环境中，尺寸不统一会影响城市的美观和协调，故在设置交通设施地名标志时，其图文

书写区尺寸最好采用：1800mm × 900mm。

由于海域、水系和地形地名标志设置位置一般比较空旷，为了达到清晰识别地名标志的目的，可以适当扩大这些地名标志图文书写区的尺寸范围。具体见下表。

表 5－10　地名标志尺寸规格要求 3　　　　单位：毫米

类型	图文书写区尺寸		外沿宽度
	长	宽	
海域、水系、地形地名标志	1500～5700	600～1800	≤25

（4）碑碣式地名标志

碑碣式地名标志竖置时，图文书写区的宽为（300～1000）mm，高为（600～2000）mm，宽高比最好保持在1∶2；碑碣式地名标志横置时，图文书写区的宽为（1000～2000）mm，高为（600～1200）mm，宽高比最好保持在5∶3。

2. 外沿宽度

地名标志的外沿宽度尺寸不应大于《地名　标志》国家标准中规定的数值。选择外沿宽度应遵循以下原则：

（1）确保安装孔不破坏标志书写区的完整性。

（2）外沿的宽度与书写区应比例匀称，舒适美观。

（3）图文书写区和外沿宽度的尺寸误差不超过钣金件自由公差。

（4）四周的边缘宽度一致。

三、外观要求

1. 地名标志的外观应平滑、整齐。平滑指地名标志的版面平整，边缘光滑。平整一般用平整度误差表示，平整度误差的测量是把地名标志放在平台上，测量标志与平台的最大间隙，每平方米范围内平整度误差不应大于5mm。

2. 地名标志不允许存在明显的毛刺、裂纹。用手沿标志四边滑行触摸，不应有毛刺存在。

3. 地名标志不允许存在明显的划痕、损伤和颜色不均匀。在照度不小于 150Lx 的白天环境中，距离标志表面 2m 处，面对标志正面，用眼睛能观察到划痕、损伤和颜色不均匀，即为存在缺陷。两种或两种以上颜色套印的地名标志，色彩间边缘应整齐、清晰，两色相接处不应有间隙。

4. 在任何一块地名标志上，不允许存在一个或一个以上面积大于 $20mm^2$ 的气泡。

5. 一般的地名标志的宽度小于反光膜出厂规格的标准宽度，故同一颜色的反光膜作底面时不允许拼接。对于较大幅面的地名标志和需要多种颜色反光膜制作的地名标志，允许拼接。拼接时，接缝以搭接为主，重叠部分不应小于 5mm。当需要滚筒粘贴或因制作文字需要时，可以平接，但其间隙不应超过 1mm。

第六章　地名标志的基本性能和特殊性能要求

《地名　标志》国家标准中规定的地名标志的性能主要包括两方面，一方面是基本性能，另一方面是特殊性能。基本性能是指所有地名标志都要满足的性能要求，主要包括耐盐雾腐蚀性能、耐湿热性能、耐高温性能、耐低温性能、耐候性能、辐射性能和抗冲击性能。特殊性能是指不同类型地名标志应满足的特殊要求，主要包括反光地名标志的色度性能和逆反射性能；长余辉蓄光地名标志的亮度性能；LED（发光二极管）地名标志的亮度性能、耐机械振动性能、绝缘电阻性能、安全耐压性能；此外，特殊性能还包括各类地名标志可能使用到的漆膜的耐水性能、抗冲击性能、耐弯曲性能和附着力性能。

第一节　基板性能要求

原材料是地名标志生产的基础，只有使用质量合格的原材料，才能生产出质量合格的地名标志产品。基板就是一种主要的原材料，本节分别介绍地名标志常用的铝合金板、钢板、铜板、钛金板等金属板材的性能要求，以及制作地名标志基板的总体要求。

一、铝板

使用铝板及铝合金板制作地名标志主要有以下优点：

1. 外观好、质轻。

2. 可机械加工性、物理和力学性能好。

3. 抗腐蚀性能优良。在大多数环境条件下，包括在空气、水（或盐水）和很多化学体系中，都能显示优良的抗腐蚀性能。

4. 工艺适应性强，防护处理容易实现。

5. 具有极高的回收性，再生铝的特性与原生铝几乎没有差别。

基于以上原因，在5年的城市设标过程中，街、巷、楼、门等地名标志的基板基本上都是采用铝板制作。

制作地名标志使用铝板的最小厚度一般不应小于0.8mm。铝板的化学成分应符合GB/T 3190《变形铝及铝合金化学成分》，其尺寸允许偏差应符合GB/T 3880.3《一般工业用铝及铝合金板、带材　第3部分：尺寸偏差》，其包装、标志、运输、贮存应符合GB/T 3199《铝及铝合金加工产品包装、标志、运输、贮存》，其物理性能、包覆层等应符合GB/T 3880.1《一般工业用铝及铝合金板、带材　第1部分：一般要求》和GB/T 3880.2《一般工业用铝及铝合金板、带材　第2部分：力学性能》。

制作地名标志使用铝板需要拼装时，应采用挤压成型的方法拼装而成。

二、钢板

钢是铁、碳和少量其他元素的合金。钢板是一种宽厚比和表面积都很大的扁平钢材。钢板按厚度不同分为薄板（厚度0.2~4mm）、中板（厚度4~25mm）和厚板（厚度>25mm）三种。地名标志使用的钢板通常是薄板，薄钢板按其材质不同可分为普通薄钢板和优质薄钢板两类；按其生产加工方法不同又可分为热轧加工和冷轧加工两种。一般情况下，用于制作地名标志的薄钢板是冷轧普通薄钢板。

冷轧普通薄钢板是普通碳素结构钢冷轧薄板的简称，俗称冷板。它是由普通碳素热轧钢带，经进一步冷轧制成的厚度小于4mm的钢板。由于在常温下轧制，不产生氧化铁。因此，冷板表面质量好，尺寸精度高，再加之退火处理，其力学性能和工艺性能优于热轧薄钢板。该种钢板的各项物理化学性能应符合国家相关标准的规定。

制作地名标志也会使用不锈钢板。不锈钢是在普通碳钢的基础上，加入一定量的铬合金元素，由于铬合金元素的存在，能使钢材表面形成一层不溶解于某些介质的坚固的氧化薄膜，起到保护作用。冷轧不锈钢薄钢板有很高的尺寸精度、良好的表面质量、平整与光亮的板面等优点，所以一般情况下，采用冷轧不锈钢薄钢板制作地名标志。冷轧不锈钢薄钢板是不锈钢经冷轧成厚度不大于4mm的钢板。冷轧不锈钢薄钢板的性能应符合GB/T 3280《不锈钢冷轧钢板和钢带》的相关规定。

应该注意不锈钢并不是说这种钢材不生锈或不会被腐蚀，而只不过是它比不含铬合金元素钢的耐腐蚀性能强得多。除了铬金属之外，其他金属元素如镍、钼、钒等也可以加入不锈钢中用于改变不锈钢的性能，从而生产出不同等级、不同性能的不锈钢。所以，在制作地名标志时，要结合当地的环境以及现有的工艺水平，仔细挑选性能最为合适的不锈钢板材。

一般情况下，地名标志用钢板的厚度不应小于0.8mm。

三、铜板

铜既是一种古老的金属，又是一种充满生机和活力的现代工程材料。铜的综合性能非常优异：它对大气、海水、土壤以及许多化学介质都有很强的耐蚀性；它具有多彩的外观，是人们钟爱的、古朴典雅的象征。除了上述众多的使用性能外，它还有一系列良好的加工、铸造、焊接、易切削等工艺性能。这些都是使它获得广泛应用的重要因素。

铜易被氧化，在室温下铜就能缓慢地被氧化成氧化亚铜CuO，呈玫瑰红的颜色。氧化亚铜呈极薄的一层，极其牢固地附着在铜的表面，不易剥离。这层氧化薄膜具有很强的保护作用，破坏后可以迅速再生。这是铜及其合金具有优良耐蚀性能的原因之一。但是，铜制品长期暴露在空气中，铜的氧化物就会变成复盐，主要是碱式硫酸铜，呈蓝绿色。所以，铜制品长期暴露在大气下，其表面颜色就会经历红色→红绿色→棕色蓝→绿色的变化过程，经过若干年后，其表面就会被众所周知的铜绿所覆盖，虽然铜绿也可以防止金属继续氧化腐蚀，起到良好的保护作用，但是会严重影响美观。这种现象在潮湿的环境中更加明显，这也就是为什么采用铜板制作的金属腐蚀地名标志不宜设置在潮湿环境中的主要原因。

铜极易与其他元素形成合金，不同的合金、不同的元素含量又具有不同的色泽。铜与锌的合金称为黄铜，随着锌含量的增加，黄铜颜色由红变为金黄。铜与铝、锡等元素形成的合金称为青铜，铜与镍形成的合金称为白铜，含镍30%的合金是著名的耐蚀白铜。一般情况下，用于制作地名标志的铜板都是黄铜。

铜板的化学成分和产品形状应符合 GB/T 5231《加工铜及铜合金化学成分和产品形状》；铜板的外形尺寸及允许偏差应符合 GB/T 17793《一般用途的加工铜及铜合金板带材　外形尺寸及允许偏差》；铜板的牌号、状态、规格、力学和表面质量等性能要求、试验方法、检验规则、包装等应符合 GB/T 2040《铜及铜合金板材》。

四、钛金板

钛是20世纪50年代发展起来的一种重要的结构金属，钛的外观近似于钢，呈银灰色，具有光泽。钛合金主要特点是熔点高达1672℃；硬度高，抗拉强度为1800N/mm^2；可塑性强；密度小，比强度高；无毒、无磁性；耐高温；抗腐蚀性能是普通不锈钢的15倍。

我们通常所说的钛金板是用不锈钢板抛光成镜面后，用大型真空镀膜设备镀上一层高耐磨、耐腐蚀的钛合金层，镀层的厚度一般是1μm。与其他板材相比，钛金板具有以下特点：（1）抗腐蚀性强；（2）结实耐用；（3）色泽艳丽，根据需要可制备成：黄、玫瑰金、古铜、天蓝等颜色。

未来钛金板将有逐步取代容易产生铜绿铜板的可能，用其制作金属腐蚀地名标志。

五、地名标志基板的总体要求

所有类型的地名标志都要求基材表面光滑、平整，没有明显伤痕、裂纹。这是因为，用来制作地名标志的基板如果存在这些缺陷，在粘贴反光膜、蓄光膜、丝网印刷蓄光材料和反光材料后，就有可能造成地名标志反光或发光效果不均匀和标志外观不平整。

制作地名标志前，应对基板进行脱脂、除锈等清污处理，以保证背景层和基板间的紧密结合。基板与背景层所采用的各种材料应具有相容性，防止因电化学作用，不同的温度膨胀系数或其他化学反应和物理作用等造成地名标志的锈蚀、脱落或损坏。

第二节　耐环境性能要求

大多数的地名标志设置在户外环境中，环境条件对其的影响是一个无法回避的因素。周围环境因素从各方面使地名标志产品性能劣化，如温度、生物和污染物破坏表面保护层；风沙、尘埃和生物剥蚀产品表面；振动、冲击造成产品应力下降；大气中的盐和其他污染物引起或促进产品化学腐蚀；温度、湿度使电子元器件受损，产生绝缘击穿、接触器不导电、电阻值改变和电性能变坏等。

环境因素的破坏作用能降低地名标志产品的使用寿命，严重时，有些地名标志产品甚至在运输和贮存过程中就已损坏。这就要求在设计和制作地名标志时，一定要充分考虑设置位置的环境条件对地名标志的破坏作用。新产品制作完成后，一般要对它们进行全部或部分的耐环境性能试验，以确保地名标志产品的性能符合相关要求。一般来说，地名标志的耐环境性能主要有：耐盐雾腐蚀性能、耐候性能、耐高温性能、耐低温性能和耐湿热性能。

一、耐盐雾腐蚀性能

1. 概述

腐蚀是产品或产品的性能在环境因素的作用下引起的破坏或变质，主要是大气中的氧气、湿度及温度变化和污染物等引起的。盐雾腐蚀就是一种常见和最有破坏性的大气腐蚀。这里讲的盐雾是指含有氯化物的大气，主要腐蚀成分是氯化钠，氯化钠主要来源于海洋和内地盐碱地区。盐雾对金属材料表面的腐蚀是由于含有的氯离子穿透金属表面的氧化层和防护层，与内部金属发生电化学反应引起的。同时，氯离子具有一定的水合能，易被吸附在金属表面的孔隙、裂缝，排挤并取代氧化层中的氧，把不溶性的氧化物变成可溶性的氯化物，使钝化态表面变成活泼表面，对地名标志产品造成破坏。盐雾腐蚀会破坏地名标志金属基板保护层，使它失去装饰性，降低机械强度；一些电子元器件和电器线路，由于盐雾腐蚀而造成电源线路中断，特别是在有振动的条件下，尤为严重；当盐雾降落在绝缘体表面时，将使表面电阻降低。有研究表明，绝缘体吸收盐溶液后，它的体积电阻将降低四个数量级。

2. 提高地名标志耐盐雾腐蚀性能的途径

地名标志的耐盐雾腐蚀性能非常重要，那么在实际的生产过程中，怎样能够提高地名标志的耐盐雾腐蚀的性能呢？一般而言，提高地名标志产品的耐盐雾腐蚀性能，主要从以下几个方面考虑：第一，原材料的使用；第二，加工工艺；第三，地名标志的维护。

第一，原材料的使用。一般情况下，使用耐盐雾腐蚀性能好的原材料是提高地名标志耐盐雾腐蚀性能的重要途径之一。使用铝合金板材，而不使用纯铝板材，可以提高地名标志的耐盐雾腐蚀性能。在特殊地区，使用钢板甚至是不锈钢板，可以有效提高标志的耐盐雾腐蚀性能。

第二，加工工艺也是影响地名标志耐盐雾腐蚀的重要因素之一。一般情况下，在地名标志表面增加一层涂敷材料可以减少地名标志被盐雾腐蚀的概率。所以采用先进的工艺，增加涂敷材料的致密度和均匀度，使基材减少与大气直接接触的机会，也可以提高标志的耐盐雾腐蚀性能。在加工过程中，使用静电喷涂工艺，而不是普通的喷漆工艺，可以增加地名标志表面涂层的均匀度和致密度，减少基材直接暴露到大气中的可能性，从而提高标志的耐盐雾腐蚀性能。

盐雾腐蚀的机理是“导电的盐溶液渗入金属内部发生电化学反应”。所以，地名标志安装以后，定期对其进行清洗维护，减少标志表面盐晶体的附着，可以减少在标志表面形成盐溶液的机会，从而提高标志的耐盐雾腐蚀性能。当地名标志表面的涂层局部被破坏后，要及时地修补，减少基材与盐溶液直接接触的机会。

二、耐候性能

1. 概述

因受到阳光照射、温度变化、风吹雨淋等外界条件的影响，地名标志可能会出现变色、裂缝、长霉、生锈、凹陷、起泡、侵蚀、剥离、粉化、变形和脱落等现象，地名标志耐受这些外界条件影响的能力被称为耐候性能。这里还有必要解释一下“老化”这个名词，老化是指产品暴露于自然或人工环境条件下，性能随时间变坏的现象。从以上定义中可以看出，地名标志的耐候性能越好，相同时间相同条件下，被老化的程度就越小；反之，地名标志被老化的程度就越大。

2. 提高地名标志耐候性能的途径

地名标志的基板主要是一些金属材料，在地名标志的使用期限内，这些金属基板基本上不会发生老化现象。而反光地名标志使用的反光膜、反光油墨，长余辉蓄光地名标志使用的油漆、油墨，金属腐蚀地名标志使用的油漆，LED 地名标志使用的 PMMA 板材、密封胶等，这些材料均属高分子材料，是最容易发生老化现象的材料。

要提高地名标志产品的耐候性能，第一，要选择耐候性能好的主要材料。尤其是反光膜等一些在地名标志上使用的高分子材料。在选用这些材料时，一定要使用经国家专门的检测机构检测合格的产品。

第二，地名标志辅助材料的选择必须与地名标志整体的耐候性能相适应，否则，当地名标志的某一个部分发生老化而失去功效时，整个地名标志的耐候性能都会受到影响。

三、耐高温性能

1. 高温对地名标志性能的影响

地名标志产品在高温环境中，可能会引起以下问题：

（1）使用的高分子材料变形或变质；

（2）由于不同材料的不同膨胀特性而使地名标志胀裂；

（3）造成一些通电的箱式地名标志密封程度降低、产品电阻值改变、电路稳定状况改变；

（4）造成密封的地名标志内部产生高压引起破裂的现象。

2. 提高地名标志耐高温性能的途径

第一，选择耐高温性能良好的主材。在一些温度较高的地区，使用金属材料、无机非金属材料，少使用甚至不使用高分子材料。即使使用高分子材料，也要选择一些耐高温性能好的高分子材料。

第二，选择与主材温度膨胀等性能协调的辅助材料。例如，油墨、密封材料、涂敷材料等辅助材料的选取，要尽量与主材的性能协调一致，否则可能会出现标志表面龟裂，甚至是字体脱落等现象。

图 6－1　由于涂敷材料与标志表面材料膨胀系数不同，经高温试验后出现开裂的现象

第三，选择适合的制作工艺也是提高地名标志耐高温性能的途径之一。

四、耐低温性能

1. 低温对地名标志性能的影响

低温对地名标志产品的影响主要是由于地名标志使用的高分子材料引起的。低温可能会引起高分子材料硬化及脆化、改变产品耐冲击强度，改变用电设备的电阻、电容以及其他电子元器件电参数。此外，在低温条件下，水凝结和冰冻附着在产品表面上，这样就增大了酸性、碱性以及其他腐蚀性物质在地名标志表面附着的概率，可能会引起电化学效应，从而增加标志被腐蚀的可能性。

2. 提高地名标志耐低温性能的途径

提高地名标志产品耐低温性能，与提高地名标志产品耐高温性能的途径，无论在主材与辅助材料的选择，还是在制作工艺的设计上，都有相似之处。另外，在产品维护方面，在可能引起水凝结和冰冻的低温天气中，更应加大对地名标志维护的力度，防止由于水凝结和冰冻引起地名标志产品腐蚀。

五、耐湿热性能

1. 湿热对地名标志性能的影响

高温高湿条件作用在地名标志上，可以引起水汽吸附、吸收和扩散等作用。一些地名标志在吸湿后会引起膨胀、物理强度降低及其他机械性能的下降，吸附水气的绝缘材料还会引起电性能下降等问题。

2. 提高地名标志耐湿热性能的途径

提高地名标志产品耐湿热性能，只是对于一些需要封装的地名标志，可以采用密封性能好的材料，提高产品整体的密封效果，从而减少水汽进入内部的可能性。其他情况下，其途径与提高地名标志产品耐高温性能的途径一样，这里不再赘述。

第三节　辐射性能要求

地壳是天然放射性物质的重要贮存库，地名标志使用的多种材料，如金属材料、稀土材料等，都来源于地壳中的岩石，可能给地名标志带来放射性物质。因此，无论是在1999年发布的《地名标牌　城乡》国家标准中，还是在2008年发布的《地名　标志》国家标准中，都严格限定了地名标志产品的辐射性能。

一、基本概念

1. 辐射

以波、粒子或光子的能量束形式传播的一种能量。说起辐射，人们就会有些害怕，因为它看不见，摸不着，却会给人体造成伤害。其实辐射并不是一种稀罕物，我们周围到处存在着辐射。在日常生活中，我们晒太阳、看电视、戴夜光表、乘飞机、拍X光片等，都会受到一定的辐射。只是生活中的辐射都是微量的，不会对人体造成伤害，所以人们也感觉不到它的存在。而大量的辐射对人体是非常有害的，因此我们应该通过采取一些相应的保护措施防止和减少辐射对我们人体的伤害。

2. 放射

不稳定元素衰变时，从原子核中放射出来的有穿透性的粒子或射线，这种现象被称为放射。一直以来，人们都或许有过这样的疑问，什么是辐射？什么是放射？通过以上这两个定义，我们会发现，辐射不但包括放射所指的从原子核中释放出来的粒子或射线，还包括其他物质中释放出来的粒子或射线。也就是说，辐射的含义广于放射。

3. α 射线

α射线由高速运动的氦原子核（α粒子）组成。它穿透物体的能力小，但电离作用强。原子核自发发射α粒子的转变称为α衰变。原子

核发生 α 衰变后，电荷数 Z 减少 2，质量数 A 减少 4。

4. β 射线

β 射线是高速运动的电子流。它穿透物体的能力比 α 射线强，但电离作用比 α 弱。原子核自发发射 β 射线的转变称为 β 衰变。原子核发生 β 衰变后，电荷数 Z 减少 1，质量数不变。

5. γ 射线

γ 射线是波长很短的电磁波。它穿透物体的能力比 α 射线和 β 射线都强，但电离作用最弱。原子核自发发射 γ 射线的转变称为 γ 衰变。原子核发生 γ 衰变后，电荷数和质量数均不发生变化。原子核的 γ 衰变通常是伴随 α 衰变或 β 衰变发生。

二、地名标志的辐射性能要求及杜绝地名标志具有辐射性的途径

据从事辐射研究的有关专家多年研究发现，一般情况下，当试样的辐射值高于本底 2 ~ 3 倍时，该试样就具有辐射性。故此，我们规定，地名标志产品的 α、β、γ 辐射值不应高于本底读数两倍。

地名标志产品是否具有辐射性能，主要是由原材料决定的。所以，与地名标志产品的其他性能不同，杜绝地名标志产品具有辐射性能，只能通过选择不具有辐射性能的主材和辅材才能实现。因而，地名标志生产企业要严把原材料质量关，坚决避免有放射性的原材料出现。

除上述三节讲述的性能要求外，还有抗冲击性能要求。地名标志在安装过程中可能受到冲击，使用过程中也可能遇到冰雹、飞溅石子等意外撞击，因此《地名　标志》国家标准中还规定各类地名标志应具有一定的抗冲击性能，这也是地名标志的基本性能。冲击的荷载值是 10kg · cm，这只是地名标志抗冲击性能的最低限值。

第四节　反光地名标志特殊性能要求

反光地名标志的特殊性能要求主要包括色度性能和逆反射性能的两项要求。

一、色度性能

色调和饱和度合称为色度。色调决定色彩本质类别，其衡量指标是色品坐标；饱和度是颜色的深浅，其衡量指标是亮度因数。通俗地讲，反光地名标志色度性能要求的是，白色反光膜是不是规定的白色，蓝色反光膜是不是规定的蓝色。

按照国家有关标准的规定，反光地名标志白、红、绿、蓝和棕5种颜色的色品坐标和亮度因数应在表5－4的范围内，各种颜色色品图见图5－21。

具体的判断方法是，测试出反光地名标志产品颜色的色品坐标，对照其相应颜色允许的色品坐标范围，判断反光地名标志产品的色度性能是否合格。例如，测得反光地名标志产品中的红色部分的色品坐标是(0.625，0.349)，将这个坐标对应到前面所提的色品图中，发现这个点落到色品图中红色区域之外，那么该地名标志产品的红色部分的色度性能不符合要求。

二、逆反射性能

1. 基本概念

(1) 逆反射：反射光线从靠近入射光线的反方向，向光源返回的反射叫逆反射。

(2) 发光强度系数：逆反射在观察方向的发光强度 I 除以投向逆反

射体且落在垂直于入射光方向的平面内的光照度 $E\perp$ 的商。

$$R=\frac{I}{E\perp}$$

式中：

R—发光强度系数，单位为坎德拉每勒克斯（cd/lx）；

I—发光强度，单位为坎德拉（cd）；

$E\perp$—垂直照度，单位为勒克斯（lx）。

（3）逆反射系数：平面逆反射表面上的发光强度系数 R 除以它的表面面积的商。

$$R'=\frac{R}{A}=\frac{I}{E\perp\cdot A}$$

式中：

R'—逆反射系数，单位为坎德拉每勒克斯平方米（$cd/lx\cdot m^2$）；

A—试样表面的面积，单位为平方米（m^2）。

2. 逆反射性能要求

地名标志使用的反光膜按照其不同的逆反射性能，可分为四个等级，分别是：一级、二级、三级和四级。

表6－1～表6－4列出了四个级别反光膜逆反射系数值。与国家标准 GB/T 18833 — 2002《公路交通标志反光膜》中规定的反光膜逆反射系数值的区别是提出了入射角是40°时，不同观察角、不同颜色的最小逆反射系数。这是因为交通标志与地名标志在设置方向上存在一定的差别，地名标志往往是平行于道路方向设置，而交通标志基本上是垂直于道路方向设置，GB/T 18833 — 2002《公路交通标志反光膜》中对入射角的要求在一定程度上不能满足地名标志的需要。所以增加入射角为40°的指标要求，作为一个辅助性指标。

表 6－1 一级反光膜最小逆反射系数对照表

观测角	入射角	最小逆反射系数（cd·lx⁻¹·m⁻²）					
		白色	黄色	红色	绿色	蓝色	棕色
0.2°	-4	600	450	120	100	50	20
	15°	450	320	85	80	40	15
	30°	300	220	60	50	25	10
	40°	120	90	24	20	10	4.0
0.33°	-4°	360	250	60	60	25	15
	15°	260	180	40	40	18	10
	30°	160	110	25	25	10	6.0
	40°	64	48	13	11	5.0	2.0

表 6－2 二级反光膜最小逆反射系数对照表

观测角	入射角	最小逆反射系数（cd·lx⁻¹·m⁻²）					
		白色	黄色	红色	绿色	蓝色	棕色
0.2°	-4°	250	170	45	45	20	12
	15°	200	130	35	35	16	10
	30°	150	100	25	25	10	6.5
	40°	75	50	13	13	5	3.3
0.33°	-4°	180	120	25	25	14	10
	15°	150	90	20	20	11	8.0
	30°	100	35	14	14	8.0	5.0
	40°	50		7	7	4.0	2.5
1°	-4°	20	12	3.0	3.0	1	0.8
	15°	15	8.0	2.0	2.0	0.8	0.6
	30°	9.0	5.0	1.0	1.0	0.4	0.3
	40°	4.5	2.5	0.5	0.5	0.2	0.1

表 6－3 三级反光膜最小逆反射系数对照表

观测角	入射角	最小逆反射系数（cd·lx⁻¹·m⁻²）					
		白色	黄色	红色	绿色	蓝色	棕色
0.2°	-4°	140	100	30	30	10	5.0
	15°	110	80	22	22	8.0	3.5
	30°	60	36	12	10	4.0	2.0
	40	30	18	6	5	2.0	1.0

续表

观测角	入射角	最小逆反射系数（$cd \cdot lx^{-1} \cdot m^{-2}$）					
		白色	黄色	红色	绿色	蓝色	棕色
0.33°	-4°	100	75	20	20	5.0	4.0
	15	85	60	15	15	4.0	2.8
	30	45	25	7.5	7.0	2.0	1.2
	40	23	13	3.7	3.7	1.0	0.6
1°	-4°	11	6.0	2.5	2.5	0.8	0.6
	15°	9.0	4.0	1.6	1.6	0.6	0.4
	30°	5.0	2.0	0.8	0.8	0.3	0.2
	40°	2.5	1.0	0.4	0.4	0.2	0.1

表 6-4　四级反光膜最小逆反射系数对照表

观测角	入射角	最小逆反射系数（$cd \cdot lx^{-1} \cdot m^{-2}$）					
		白色	黄色	红色	绿色	蓝色	棕色
0.2°	-4°	80	50	14	9.0	4.0	3.0
	15°	55	35	11	7.0	3.0	2.0
	30°	30	22	6.0	3.5	1.5	1.0
	40°	15	11	3.0	1.7	0.8	0.5
0.33°	-4°	50	35	10	7.0	3.0	2.0
	15°	45	20	8.0	5.0	2.0	1.4
	30°	24	15	4.0	2.5	1.0	0.7
	40°	12	7.5	2.0	1.2	0.5	0.3
1°	-4°	5.0	3.0	2.0	1.0	0.6	0.4
	15°	3.0	2.0	1.0	0.8	0.3	0.2
	30°	2.0	1.5	0.6	0.4	0.2	0.1
	40°	1.0	0.7	0.3	0.2	0.1	—

《地名　标志》国家标准中规定，反光地名标志的逆反射性能均应大于等于 GB/T 18833 — 2002《公路交通标志反光膜》中规定的四级反光膜的相应逆反射系数值。也就是说，反光地名标志的逆反射系数值应大于等于表 6.4 中的规定。但是也可以根据当地经济发展和财政投入状况，使用更高级别的反光材料。

第五节　长余辉蓄光地名标志特殊性能要求

长余辉蓄光地名标志的特殊性能要求主要有亮度性能要求、长余辉蓄光粉的性能要求以及长余辉蓄光膜的性能要求。

一、亮度性能

长余辉蓄光地名标志的特性在于结束激发后，可以持续发光一段时间，人们可以清晰地分辨地名标志上的内容。因此，《地名　标志》国家标准规定，采用 D65 标准光源（模拟太阳光）激发长余辉蓄光地名标志 15 分钟后，长余辉蓄光地名标志应具备足够长的余辉时间和亮度。初始亮度应高于 10000mcd/m^2，激发结束 10h 的亮度不应低于 3mcd/m^2。

与《地名标牌　城乡》国家标准相比，长余辉蓄光地名标志的初始亮度要求从 5000mcd/m^2 提高到 10000mcd/m^2。从随机抽取的民政部地名研究所实验室在 3 年内 15 个企业送检的长余辉蓄光地名标志的初始亮度数据中看，地名标志生产企业生产的长余辉蓄光地名标志的初始亮度均可达到 10000mcd/m^2 以上。因此，在本标准中将长余辉蓄光地名标志的初始亮度要求从 5000mcd/m^2 提高到 10000mcd/m^2。这也充分

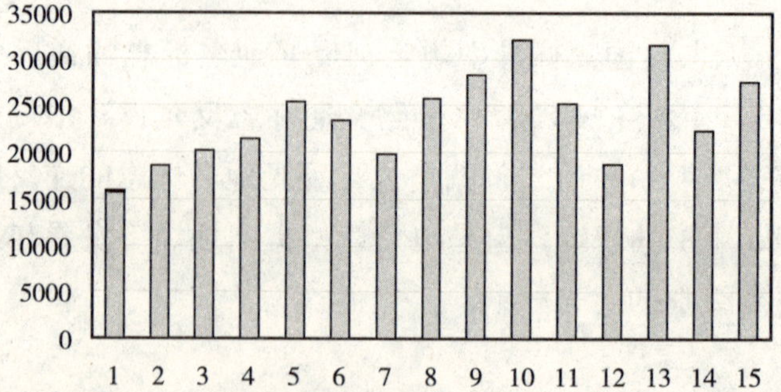

图 6－2　部分企业长余辉蓄光地名标志产品试样初始亮度柱状图

体现了标准要代表产品发展方向的原则。

二、长余辉蓄光粉的性能

1. 产品性能分析

长余辉蓄光粉是生产地名标志的一种重要的原材料产品，其许多性能指标对地名标志的生产都会产生很大影响，尤其是一些长余辉蓄光粉产品中可能掺有重金属、放射性等有毒有害物质，涉及环保和公共安全，所以规定长余辉蓄光粉的各项性能指标是非常重要的。

长余辉蓄光粉的性能指标主要有以下几个方面：

（1）形态：长余辉蓄光粉的外观形态为固体粉末状。

（2）初始亮度和余辉亮度。

（3）粒度分布：一般情况下，相同原材料、相同工艺条件下生产的长余辉蓄光粉的亮度随着粒度的增大而增加。因此，理论上长余辉蓄光粉的粒度越大越好。但是，如果长余辉蓄光粉的粒度过大，就会使长余辉蓄光地名标志的表面粗糙，影响地名标志的表面美观，甚至会造成长余辉蓄光地名标志的字体脱落等严重后果。基于以上原因，需规定长余辉蓄光粉的粒度分布。

（4）辐射性能：有些企业，在长余辉蓄光粉产品中掺加放射性物质，通过放射性物质对长余辉蓄光粉不断激发，增加长余辉蓄光粉的余辉时间，因而必须规定长余辉蓄光粉的辐射性能。

（5）重金属含量：某些长余辉蓄光粉产品中可能掺有重金属等有毒物质，大量使用重金属会对环境产生污染。所以必须规定长余辉蓄光粉重金属含量。

2. 长余辉蓄光粉性能要求的确定

（1）亮度性能。由于结束激发 10h 的亮度对于制作地名标志的长余辉蓄光粉来说是一个关键性指标，所以我们对长余辉蓄光粉结束激发 10h 的亮度进行了认真分析。通过多次试验，结合地名标志生产企业提供的数据，得出以下结论：①一般情况下，用于生产地名标志的长余辉蓄光粉，结束激发 10h 的亮度均大于 10mcd/m^2；②由于制作地名标志过程中温度、溶剂和涂敷材料的影响，某一地名标志结束激发 10h 的亮度要低于制作该地名标志的长余辉蓄光粉的相应的亮度。故为了保证地名标志的质量，在大量试验数据的基础上，确定长余辉蓄光粉结束激发 10h 的亮度不应低于 10mcd/m^2。

长余辉蓄光粉的初始亮度沿用长余辉蓄光地名标志初始亮度的数据，即初始亮度应高于 10000mcd/m^2。

（2）粒度分布。通过对相关企业的大量调查和对大量试样进行分析，确定地名标志长余辉蓄光粉的粒度分布应满足，粒径在（40μm ~ 180μm）范围内的长余辉蓄光粉的质量百分含量不应小于 90%。

（3）辐射性能。参照地名标志的辐射性能确定。具体要求是，长余辉蓄光粉的 α、β、γ 辐射值不应高于本底值的 2 倍。

（4）重金属含量。参考 GB 18581 — 2001《室内装饰装修材料　溶剂型木器涂料中有害物质限量》和 GB 18582 — 2001《室内装饰装修材料　内墙涂料中有害物质限量》两个国家标准确定，地名标志长余辉蓄光粉的重金属含量应满足下表要求。

表 6 –5　重金属含量要求

重金属类型	限量值（mg/kg）
铅	≤90
镉	≤75
铬	≤60
汞	≤60

三、长余辉蓄光膜的性能

1. 产品性质分析

地名标志长余辉蓄光膜是一种新型产品，一般情况下，是将长余辉蓄光材料压制在 PVC 膜等材质上制成的。通过对这种产品分析，我们发现：

（1）地名标志长余辉蓄光膜的性质、制作过程和使用过程与反光膜有很多相似之处，所以应具备反光膜的某些特性。

（2）地名标志长余辉蓄光膜是一种长余辉蓄光材料，应具备长余辉蓄光材料的某些特性。

2. 长余辉蓄光膜性能要求的确定

参照反光膜的各种性能要求，长余辉蓄光膜的性能应包括：外观要求、颜色可印刷要求、耐候性能、耐盐雾腐蚀性能、耐高温性能、耐低温性能、抗冲击性能、耐溶剂性能、耐弯曲性能、收缩性能、附着性能、防沾纸的可剥离性能和抗拉荷载要求。具体内容见标准。

参照长余辉蓄光材料性能要求，长余辉蓄光膜的性能还应包括：亮度性能和辐射性能。一般情况下，长余辉蓄光膜直接刻字后，即可粘贴到基板上，制成地名标志，不存在像长余辉蓄光粉那样，由于制作地名标志过程中温度、溶剂和涂敷材料的影响，而影响制成品的余辉亮度和余辉时间的现象。故长余辉蓄光膜的亮度性能和辐射性能参考长余辉蓄光地名标志的相关条款确定。具体内容见标准。

第六节　漆膜性能要求

《地名　标志》国家标准中规定，漆膜的性能主要包括耐水、抗冲击、耐弯曲和附着力四种性能，其中附着力性能和耐弯曲性能是比较重要的两项。下面我们就简单介绍这两项性能，以及提高低名标志产品这两项性能的途径。

一、附着力性能

漆膜的附着力是指漆膜与被附着物体表面之间，通过物理和化学作用相互黏结的能力。从实用角度讲，漆膜附着力是指漆膜从基板上除掉所需要的力，这种力是漆膜与基板相互结合的黏结力。漆膜的附着力是考核漆膜性能好坏的重要指标之一，只有漆膜具有一定的附着力，才能牢固地附着在基板表面，才会发挥油漆所具有的装饰和保护作用。

1. 概述

漆膜附着的实质是漆膜和基板之间的分界面漆膜分子和基板分子的相互吸引，附着力的大小取决于漆膜和基板的物理化学性质。漆膜的附着力主要受以下三个方面因素影响：

（1）油漆对基板的润湿程度；

（2）基板表面定向吸附层的形成；

（3）漆膜形成过程中，在成膜物与基板表面的边界上形成的双电子层。

2. 影响漆膜附着力的因素

（1）漆膜与基板表面的极性适应性。只有漆膜与基板表面之间极性相适应，才会得到附着力好的漆膜。否则，极性好的油漆，涂在非极性的基板上，或者非极性油漆涂在极性的基板上，都不会得到附着力好的漆膜。

（2）漆膜的内聚力。同类物品分子之间的内聚所引起的力称之为内聚力。涂层内聚力越大，附着力越差；反之，附着力越好。因此，可以采取降低内聚力的方法达到提高附着力的目的。

一是降低涂层的厚度，缩小内聚力，提高漆膜对金属基板的黏附强度。

二是在油漆中适当加入颜料，降低内聚力，提高漆膜对金属基材的黏附强度。这也是色漆比清漆附着力好的原因之一。

（3）湿润的程度。油漆在应用中，必须有很好的流动性。通过油漆的流动湿润基板表面，达到附着的目的。一般认为油漆湿润得不好，界面接触就小，附着力就差。反之，油漆湿润得好，界面接触就大，附着力就好。

（4）温度膨胀系数对漆膜附着力的影响。我们知道，任何材料都会随温度变化而变化。由于膨胀系数不同，油漆和基板的收缩和膨胀也不一样。当油漆涂于基板表面时，受热胀冷缩的影响，使油漆与基板表面之间的黏结点遭到不同程度的破坏。一般认为，漆膜的温度膨胀系数明显地大于基板的温度膨胀系数，所以在温度变动时，漆膜的膨胀或收缩程度比基板大，引起漆膜的相应变形，产生皱纹、龟纹等，从而降低漆膜的附着力。因此，油漆的温度膨胀系数越小，漆膜的附着力越好。

3. 提高漆膜附着力的途径

漆膜附着力的影响因素明确以后，我们就可以一一对应地找到方法，避免不利因素的发生，促进有利条件的出现，以此提高地名标志产品中漆膜的附着力。

二、耐弯曲性能

1. 概述

漆膜耐弯曲性能主要是指在撤除外力后，漆膜恢复其原形的性能。如果漆膜能完全恢复其原形，则称其为弹性的，即可复原的；如果漆膜原来的形状只能部分地恢复，则称其为塑性的，即不可复原的。漆膜的弹性不仅取决于漆膜的分子结构，同时也取决于变形的时间和速度。

耐弯曲性能是漆膜重要的物理机械性能之一。通过漆膜的耐弯曲性能可以判断油漆材料的品质，因而对油漆品种的选择和应用具有重要的实际意义。例如，漆膜在外力作用下很容易伸展，但外力撤除后，漆膜则产生不明显的收缩，像这类漆膜不适于涂饰那些柔韧性好的基板，比如薄铝板，而适于涂饰厚铝板、钢板等。因为薄铝板一旦经受外力作用而产生弯曲时，漆膜会随之发生不明显的伸展现象，而当薄铝板恢复原形时，又必然迫使漆膜收缩，致使漆膜形成网纹，尤其对于附着性能好的漆膜，这种状况的出现，势必引发漆膜的龟裂甚至剥离等破坏现象。

2. 漆膜耐弯曲性能的影响因素及制作中的注意事项

（1）漆膜的极性和基板的极性是否一致。通常，极性好的油漆与极性好的基板相结合，漆膜耐弯曲性能好。

（2）基板打磨的程度会影响漆膜的耐弯曲性能，一般认为，基板打磨得均匀彻底则漆膜耐弯曲性能好。

(3) 温度对漆膜耐弯曲性能有一定影响。在一定的温度范围内，高温比低温时的漆膜耐弯曲性能好，因此，在漆膜定型时，要特别注意与地名标志实际使用中的温度相适应。此外，在测定漆膜耐弯曲性能时，温度条件也要严格符合相关标准的规定。

(4) 在相同的试验条件下，同种漆膜的厚薄对其耐弯曲性能影响较大，相对而言，漆膜薄则耐弯曲性能好。这里不是鼓励大家刻意降低漆膜的厚度，而是希望大家采用一些较为先进的工艺，在保证质量的前提下，通过降低漆膜厚度，提高产品的耐弯曲性能。

(5) 漆膜的内聚力对漆膜耐弯曲性能的影响很大。通常，漆膜内聚力大，漆膜对基板的湿润下降，漆膜耐弯曲性能降低。

(6) 试验过程中，双手的动作、速度和时间等，都将对漆膜耐弯曲性能产生不同程度的影响。因此，在试验的时候，严格按照相关规定试验，也是确保真实反映漆膜产品耐弯曲性能的有效途径之一。

此外，漆膜的均匀程度也是影响其耐弯曲性能的重要因素。因此，在制作漆膜时，要采用先进的工艺，如采用静电喷涂工艺代替直接喷漆工艺来提高漆膜的均匀程度。

第七节 LED 地名标志的特殊性能要求

LED 地名标志是一种采用交流电源、直流电源等形式供能，以 LED（发光二极管）光源为发光体的一种地名标志。LED 地名标志是一种发光的地名标志，所以本标准规定了 LED 地名标志的发光亮度，在对相关产品的调查、分析和试验的基础上，确定 LED 地名标志的其亮度应大于 15000mcd/m^2。LED 地名标志又是一种用电产品，所以，本标准又规定了该类地名标志的耐机械振动性能、绝缘电阻性能、安全耐压性能以及使用电源的性能。

一、耐机械振动性能

1. 振动对 LED 地名标志的影响

（1）对结构的影响，主要是造成 LED 地名标志变形、弯曲、产生裂纹、断裂和部件之间的相互撞击等；

（2）对工作性能的影响，主要是使 LED 地名标志触点接触不良、带电元件相互接触或短路、产生强电噪声、指示灯闪烁、导线摩擦或断裂等，从而导致 LED 地名标志工作不正常、不稳定，甚至失灵、不能工作等；

（3）对工艺性能的影响，主要是造成 LED 地名标志紧固件松动、连接件和焊点脱开等。

2. LED 地名标志耐机械振动性能的确定

通过对企业进行大量调查，根据相关产品标准和民政部地名研究所实验室试验数据，参考 JT 432 — 2000《高速公路 LED 可变限速标志技术条件》、SJ/T 11141 — 1997《LED 显示屏通用规范》等标准，确定标准中 LED 地名标志的耐机械振动性能。具体要求是，LED 地名标志耐机械振动性能应满足，地名标志正常通电情况下，按照 GB/T 2423. 10《电工电子产品环境试验　第 2 部分：试验方法　试验 Fc 和导则：振动（正弦）》国家标准的要求进行试验。在 1 ~ 9Hz 时按位移控制，位移 3. 5mm；在 9 ~ 150Hz 时按加速度控制，加速度为 10m/s2。1Hz→9Hz→150Hz→9Hz→1Hz 为一个循环，共试验 20 个循环后，产品功能正常，结构不受影响，零部件无松动。

二、绝缘电阻性能和安全耐压性能

绝缘电阻是衡量介质绝缘性能好坏的物理量，它在数值上等于介质所具有的电阻值，单位是兆欧（MΩ）。绝缘体有阻止电流通过的特性，但若加上高电压时，会有少许的漏电流流过绝缘体的内部或表面。所以绝缘电阻是阻止漏电流通过的能力，阻值越大越好。绝缘电阻会因材质劣化、表面附着有机物、尘埃及水滴等而减小。

测量 LED 地名标志绝缘电阻是检查其绝缘状态最简便的辅助方法。通过所测绝缘电阻，能发现 LED 地名标志影响绝缘的异物、绝缘局部或整体受潮和脏污、绝缘击穿和严重老化等缺陷。

安全耐压是材料所能承受而不致遭到破坏的最高电场强度，是材料抗高电压而不产生介电击穿能力的量度。将试样放置在电极之间，并通过一系列的步骤升高所施加的电压直到发生介电击穿，以此测量安全耐压性能。

通过对企业进行大量调查，根据相关产品标准和民政部地名研究所实验室试验数据，LED 地名标志绝缘电阻性能应满足：用能提供 500V 直流测试电压的绝缘电阻测试仪进行测量，测得标志两个电极与表面之间的绝缘电阻不应低于 20MΩ。LED 地名标志安全耐压性能应满足：在试样的电源接线端子与金属外框或可触及的金属构件间施加 1500V 的试验电压，试验 1min 后，不应出现击穿的现象。

三、电源要求

对于 LED 地名标志使用的电源，无论是交流电源还是直流电源，国家相关的标准和规范中详细规定它们的使用要求，这里我们不过多介绍，仅把相关的标准列出。

1. 交流电源

LED 地名标志使用的交流电源应满足下列国家标准的相关要求：GB 13961《灯具用电源导轨系统安全要求》、GB/T 19064《家用太阳能光伏电源系统技术条件和试验方法》、GB 19212.1《电力变压器、电源装置和类似产品的安全　第 1 部分：通用要求和试验》、GB 19212.2《电力变压器、电源装置和类似产品的安全　第 2 部分：一般用途分离变压器的特殊要求》、GB 19212.5《电力变压器、电源装置和类似产品的安全　第 5 部分：一般用途隔离变压器的特殊要求》、GB 19212.7

《电力变压器、电源装置和类似产品的安全　第7部分：一般用途安全隔离变压器的特殊要求》、GB 19212.13《电力变压器、电源装置和类似产品的安全　第13部分：恒压变压器的特殊要求》、GB 19212.18《电力变压器、电源装置和类似产品的安全　第18部分：开关型电源用变压器的特殊要求》。

2. **直流电源**

LED地名标志使用的直流电源应满足下列国家标准的相关要求：GB/T 2296《太阳电池型号命名方法》、GB/T 2297《太阳光伏能源系统术语》、GB/T 11010《光谱标准太阳电池》、GB/T 11011《非晶硅太阳电池电性能测试的一般规定》、GB/T 19064《家用太阳能光伏电源系统技术条件和试验方法》。

第七章　地名标志的支撑装置

现代汉语词典对“支撑”的解释是：“抵抗住压力，使东西不倒塌。”地名标志的支撑装置，通常包括基座、支撑物两个部分。本章主要介绍地名标志支撑装置的主要功能、基材要求以及管理与维护。

第一节　主要功能

支撑装置主要起支撑和装饰作用，此外地名标志的支撑装置也是地名标志附加物的载体。

一、支撑作用

支撑装置的主要功能就是支撑地名标志。有了支撑装置，不但地名标志可以牢固地竖立在所需地点，而且通过支撑物，增加了地名标志的整体高度，扩大了地名标志的可视范围。某地地名管理部门曾经设置过一些大型地名标志，高度可达 23 米，从而大大增加了这类地名标志的可视范围，扩大了地名标志的宣传效果。如图 7－1 所示。

二、装饰作用

地名标志是周围环境景观的一部分，这就要求我们在制作地名标志时，不仅考虑地名标志的色彩、文字布局要美观大方，而且要考虑地名

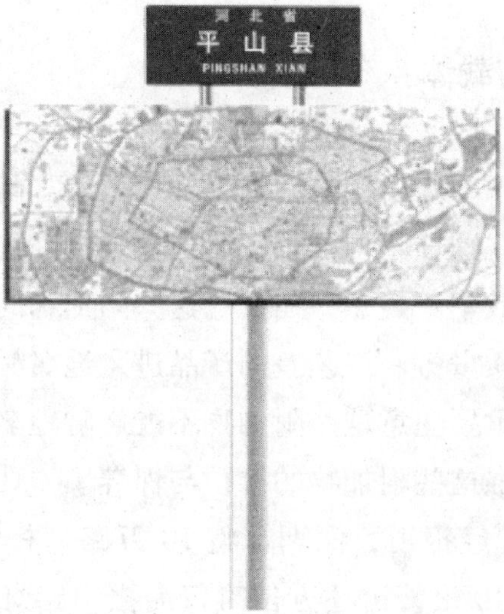

图7-1 大型立柱式地名标志示意图

标志支撑装置的造型要美观、颜色要协调、高度要适宜。一般而言，柱式、悬臂式、附着式地名标志的支撑装置，对造型的要求不是很高，只要做到与周围环境相协调，与某一范围内同类地名标志的支撑装置相一致即可。但是对于碑碣式地名标志，其造型就有很大的可塑空间，如果设计、设置得当，往往会塑造出一道靓丽的风景。

图7-2 碑碣式地名标志与周围环境塑造出的靓丽风景示例

三、附加物的载体

在适当的条件下，地名标志允许附加设置诸如地名导向标志、广告宣传标志等附加物。这样不但能发挥其指位导向功能，而且可以提高地名标志综合利用的效率。当然，在设置这些附加物时，必须要考虑其安全要求，避免一些质量劣、工艺差的产品进入地名标志，影响地名标志的总体效果。同时也要注意这些附加物不能影响地名标志的可视效果等正常功能，并要加强这些附加物的维护与保养。

《新民晚报》曾经报道，深圳市将10万路灯杆喷涂报警编号（图7-3），市民在向110报警讲述方位时仅需报出路灯杆编号即可，警方利用路灯杆编号精确定位，提高了效率。地名标志设置的范围很广泛，如果深入挖掘，从数字化上做文章，不但可以实现管理和维护的数字化，而且也可以通过数字化建设，方便公安、城管、120急救中心等部门的使用，实现社会公共资源利用率的最大化。

图7-3　带有报警编号的路灯杆示例

第二节 基材要求

一般而言，地名标志的支撑装置最常用的材料是钢材和混凝土。此外，还会用到焊条等连接材料。对于大型地名标志而言，标志自重大、高度高，因而对支撑装置要求较高，下面我们就着重介绍一下大型地名标志使用基材的要求。

一、钢材

一般情况下，大型地名标志支撑装置选用的钢材，应符合 GB 50017《钢结构设计规范》国家标准的有关规定。采用牌号为 Q235、Q345 的钢材时，其性能应分别符合现行的 GB/T 700《碳素结构钢》国家标准和 GB/T 1591《低合金高强度结构钢》国家标准的相应规定。当采用其他牌号钢以及耐候碳素结构钢和高耐候结构钢时，也应符合现行有关标准的规定。

钢材应具有抗拉伸强度、屈服强度（或屈服点）、伸长率、冷弯试验、冲击韧性及硫、磷含量的合格保证；对焊接结构也应具有碳含量的合格保证。钢材的强度设计值，应根据钢材厚度或直径，按照表 7－1 采用。钢材的物理性能指标应按照表 7－2 采用。

表 7－1 钢材强度设计值

牌号	钢材厚度或直径（mm）	抗拉、压、弯 f（N/mm^2）	抗剪 f_v（N/mm^2）	断面承压 f_{ce}（N/mm^2）
Q235 钢	≤16	215	125	325
	＞16～40	205	120	
	＞40～60	200	115	
	＞60～100	190	110	

续表

牌号	钢材厚度或直径（mm）	抗拉、压、弯 f（N/mm^2）	抗剪 f_v（N/mm^2）	断面承压 f_{ce}（N/mm^2）
Q345 钢	≤16	310	180	400
	>16～35	295	170	
	>35～50	265	155	
	>50～100	250	145	

表 7－2　钢材的物理性能指标

弹性模量 E（N/mm^2）	剪切模量 G（N/mm^2）	线膨胀系数 α（以每℃计）	质量密度 ρ（kg/m^3）
206×10^3	79×10^3	12×10^{-6}	7850

二、连接材料

手工焊接使用的焊条，应符合 GB/T 5117《碳钢焊条》国家标准或 GB/T 5118《低合金钢焊条》国家标准的规定。选择焊条的型号应与主体金属的强度相适应。自动焊接或半自动焊接采用的焊丝和相应的焊剂应与主体金属的强度相适应，并应符合 GB/T 14957《熔化焊用钢丝》国家标准的规定。焊缝的强度设计值应按下表采用。

表 7－3　焊缝的强度设计值　　单位：N/mm^2

焊接方法和焊条型号	构件钢材		对接焊缝				角焊缝
	牌号	厚度或直径（mm）	抗压 f_c^w	不同焊接质量等级的抗拉 f_t^w		抗剪 f_v^w	抗拉、压、剪 f_f^w
				一、二级	三级		
自动焊、半自动焊和 E43 型焊条的手工焊	Q235 钢	≤16	215	215	185	125	160
		>16～40	205	205	175	120	
		>40～60	200	200	170	115	
		>60～100	190	190	160	110	

续表

<table>
<tr><td rowspan="3">焊接方法和焊条型号</td><td colspan="2">构件钢材</td><td colspan="4">对接焊缝</td><td>角焊缝</td></tr>
<tr><td rowspan="2">牌号</td><td rowspan="2">厚度或直径（mm）</td><td rowspan="2">抗压 f_c^w</td><td colspan="2">不同焊接质量等级的抗拉 f_t^w</td><td rowspan="2">抗剪 f_v^w</td><td rowspan="2">抗拉、压、剪 f_f^w</td></tr>
<tr><td>一、二级</td><td>三级</td></tr>
<tr><td rowspan="4">自动焊、半自动焊和 E50 型焊条的手工焊</td><td rowspan="4">Q345 钢</td><td>≤16</td><td>310</td><td>310</td><td>265</td><td>180</td><td rowspan="4">200</td></tr>
<tr><td>>16～35</td><td>295</td><td>295</td><td>250</td><td>170</td></tr>
<tr><td>>35～50</td><td>265</td><td>265</td><td>225</td><td>155</td></tr>
<tr><td>>50～100</td><td>250</td><td>250</td><td>210</td><td>145</td></tr>
</table>

三、混凝土

当选用钢管混凝土作地名标志的立柱时，钢管混凝土结构可采用普通混凝土，其强度等级不宜低于 C30。混凝土的强度等级、力学性能指标和质量标准分别符合 GB/T 50010《混凝土结构设计规范》国家标准和 GBJ 107《混凝土强度检验评定标准》国家标准等的相应规定。

混凝土的强度设计值应按下表采用。

表 7－4　混凝土的强度设计值　　单位：N/mm^2

强度种类	混凝土强度等级									
	C15	C20	C25	C30	C35	C40	C45	C50	C55	C60
轴心抗压 f_c	7.2	9.6	11.9	14.3	16.7	19.1	21.2	23.1	25.3	27.5
轴心抗拉 f_t	0.91	1.10	1.27	1.43	1.57	1.71	1.80	1.89	1.96	2.04

混凝土的物理性能指标应按下表采用。

表 7－5　混凝土物理性能指标　　单位：$\times 104N/mm^2$

强度种类	混凝土强度等级									
	C15	C20	C25	C30	C35	C40	C45	C50	C55	C60
弹性模量 Ec	2.20	2.55	2.80	3.00	3.15	3.25	3.35	3.45	3.55	3.60
剪切模量 Gc	0.88	1.02	1.12	1.20	1.26	1.30	1.34	1.38	1.42	1.44

以上介绍的主要是针对大型地名标志使用的各种基材的要求，对于重量较轻、高度较低的地名标志，可以采用性能要求较低的钢管、角钢等钢材设置。连接材料和混凝土一般采用以上要求中的最低要求即可。

但是无论是大型地名标志还是小型地名标志，地名标志立柱与混凝土结构之间应采用专用预埋件连接，严禁采用摩擦型膨胀螺栓锚固。当确无条件设置专用预埋件时，应采取其他可靠的连接措施，但必须通过受力计算与试验验证，以确保安全。

第三节　管理与维护

地名标志设置后，要进行经常性的管理与维护，保障地名标志的正常使用。

一、防腐保养

为了防止支撑装置锈蚀、油漆脱落等现象发生，应至少每年进行一次防腐保养。

二、修复维护

当地名标志涂层光泽暗淡、风化龟裂、油漆起壳时，要及时修复维护。

三、加固修补

应至少每年对地名标志及支撑装置的焊缝、锚栓和螺母进行一次全面检查，发现有螺母松动、焊缝开裂等现象，应进行及时紧固、修补。

四、用电安全

对通电的地名标志，应至少每月对电气控制设备等进行检查和维护，确保用电安全。

五、建章立制

要建立完善的地名标志管理与维护规章制度，建立必要的地名标志档案，科学地进行管理与维护。

除以上日常的管理与维护外，还要进行突击性的维护与保养。在大风季节，应对地名标志支撑装置进行突击检修和维护保养，对地名标志支撑装置与基板连接的牢固程度进行检修保养和加固处理。在大风雷雨季节和梅雨季节，应检查避雷设施和电器安全保险装置，保证安全、正常使用。

第八章　地名标志的试验方法

地名标志是一个工业产品，其在加工制作过程中使用的原材料和最终产品是否符合国家有关标准的有关技术规范规定，也就是我们通常讲的地名标志产品的质量是否合格，关系到地名标志设置工作的全局。所以，把好地名标志产品的质量关，做好地名标志产品的实验室试验，显得尤为重要。

标准中的“试验方法”部分是与“要求”部分相关联的一部分内容。为什么规定这部分内容呢？这是因为试验的方法不同，测得的量值就可能会有差异，这就会造成，“要求”部分规定的内容无据可依。

试验方法需要的内容，包括：a）测定特性值时，需要有测定程序——给出详细的步骤；b）检查是否符合要求时，需要有数据——给出结果的计算方法；c）测试结果要求保证——给出方法的精密度数据；d）试验方法如涉及安全——给出警示内容。

一项技术要求对应一个试验方法，即一个试验方法只能用于检查相对应的一项技术要求。

避免重复是标准化方法的一项基本原则，但是在标准中试验方法部分是最容易出现重复的。由于一种试验方法往往稍加改变，或原封不动，就能适用于几种产品或几类产品中的同一技术要求，因此在对某项技术要求的试验方法进行标准化前，首先应确定是否存在现成的试验方法。如果存在，则应从中选择，引用通用的、无损的或安全的试验方法。如果不存在现成的试验方法，则应考虑是否能对现在的试验方法稍加改变后引用。

《地名　标志》国家标准中的试验方法包括两部分。一部分是直接引用现成的试验方法，这其中包括地名标志的颜色按照 GB 2893—2001《安全色》和 GB/T 3979—1997《物体色的测量方法》规定的方法测试，反光地名标志的色度性能和逆反射性能按照 GB/T 18833—2002《公路交通标志反光膜》中规定的方法测试，漆膜的耐水性能、抗冲击性能、耐弯曲性能和附着力性能分别按照 GB/T 1733—1993《漆膜耐水性测定法》、GB/T 1732—1993《漆膜耐冲击性测定法》、GB/T 11185—1989《漆膜弯曲试验（锥形轴）》和 GB/T 1720—1979《漆膜附着力测定法》规定的方法进行测试，LED 地名标志的耐机械振动性能按照 GB/T 2423.10—1995《电工电子产品环境试验　第 2 部分：试验方法　试验 Fc 和导则：振动（正弦）》规定的方法进行测试。此外，LED 地名标志使用的电源也应按照国家的相关标准进行测试，这也属于直接引用现成试验方法的情况。

《地名　标志》国家标准中规定的其他性能，在标准中均给出相应的检测方法。在本章的第一节到第四节，分别介绍了地名标志的试样准备和外观检查试验、环境性能试验概述和耐盐雾腐蚀性能试验、耐候性能试验和长余辉蓄光地名标志亮度试验。其他的试验方法——耐湿热性能试验方法、耐高温性能试验方法、耐低温性能试验方法、辐射性能试验方法和抗冲击性能试验方法简单介绍如下：

根据 GB/T 2423.9 — 2001《电工电子产品环境试验　第 2 部分：试验方法　试验 Cb：设备用恒定湿热》国家标准的有关规定，《地名　标志》国家标准起草工作组，确定地名标志的耐湿热性能试验在温度为 47℃ ±2℃、相对湿度为 96% ±2% 的环境中，试验 48h。湿热试验箱应符合 GB/T 10586《湿热试验箱技术条件》国家标准。

根据 GB/T 2423.2 — 2001《电工电子产品环境试验　第 2 部分：试验方法　试验 B：高温》国家标准的有关规定，《地名　标志》国家标准起草工作组，确定地名标志的高温试验在温度为 70℃ ±2℃ 的环境中试验 24h。根据 GB/T 2423.1 — 2001《电工电子产品环境试验　第 2 部分：试验方法　试验 A：低温》国家标准的有关规定，《地名　标志》国家标准起草工作组，确定地名标志的耐低温性能试验在温度为 −40℃ ±2℃ 的环境中试验 72h。地名标志高低温试验的试验箱符合

GB/T 10592《高低温试验箱技术条件》国家标准的相关规定。

《地名　标志》国家标准中，采用符合 GB/T 4835 — 1984《辐射防护用携带式 x、γ 辐射剂量率仪和监测仪》国家标准的辐射测量仪测量地名标志产品的辐射性能。一般情况下，设备应满足以下要求：

a）α 探测效率≥35%（2πφ35239Pu 面源），本底读数小于 3 个/min；

b）β 探测效率≥30%（2πφ3090Sr + 90Y 面源），本底读数小于 120 个/min；

c）γ 探头灵敏度：对 226Ra≥6 个/min。

测试产品辐射性能时，环境温度最好为 23℃ ±2℃，相对湿度最好为 50% ±10%。而且环境中不应有明显的辐射干扰。

抗冲击性能试验就是给试样高速加载，然后测量试样的变化。试样的破坏分两步：首先，冲击能量使试样产生裂纹；其次，试样承受更大的冲击力使裂纹扩大并损坏。标准中抗冲击性能试验方法，参考 GB/T 18833 — 2002《公路交通标志反光膜》中的有关规定确定。

第一节　试样准备和外观检查试验

试样准备是产品检测的基础，这里讲的试样准备包括取样和《地名　标志》国家标准中讲的“试样制备”两部分。由于《地名　标志》国家标准只是对试样的如何制备进行规定，这里不但要告诉标准使用单位，如何制备地名标志试样，而且还要告诉大家怎样取样。外观检查试验是检测产品外观性能的试验方法。

一、试样准备

试样准备，包括取样和试样制备两部分。前者是指从大量分析对象的总体中取得其中有代表性的一小部分，即在误差允许范围内，这一小部分试样应能代表产品的总体。后者是按一定程序把取得的试样，经过筛选、加工等步骤，制备成适于分析使用的试样。通常把试样准备称为分析的基础，这是因为分析结果是否准确，很大程度上取决于试样的代表性及试样制备的好坏。

1. **取样**

取样是试样准备的重要环节，通过科学、准确、合理的取样，才能分析出产品性能是否符合相应的要求，进而分析出产品的工艺是否适用、原材料是否符合规定等等。依据取样理论，随机抽取的有代表性和足够多数量的样本，可以推论出总体的情况。

（1）取样的原则和基本方法。取样的原则是随机性原则。所谓随机性原则，是指抽样时，总体中每一个体是否被抽选的概率（即可能性）是完全均等的。由于随机抽样使每个个体有同等机会被抽取，因而有相当大的可能使样本保持和总体有相同的结构，或者说，具有最大的可能使总体的某些特征在样本中得以表现，从而保证由样本推论总体。此外，遵循随机性原则进行抽样，可以对抽样误差的范围进行预算或控制，使研究者能够客观地评价研究结果的精确度和按照所要求的精确度决定样本的容量大小。

取样的方法很多，一般主要采用的五种随机取样方法是：简单随机取样法、等距随机取样法、分层随机取样法、整群随机取样法、多段随机取样法。

（2）取样的一般过程。完整的取样过程一般包括规定总体、选定抽样方法、确定样本容量并选取样本三个步骤。

第一步，要确定取样对象的整体，也就是针对哪一部分地名标志产品进行检测。一般情况下，对于企业，就是采用同一批原材料按照同一种工艺生产的同一批产品；对于设标部门，就是同一企业同一类型（按照产品工艺划分）同一时期设置的地名标志产品。

第二步是确定取样方法。取样的基本方法前面已经讲过有五种，对于企业，一般采用等距随机取样法即可，具体操作是，在生产线或成品库的“前”、“中”、“后”各取一定数量的地名标志产品；设标部门取样的方法相对复杂一些，一般采用整体随机取样法结合等距随机取样法进行取样，就是将同一企业生产的同一类型（按照产品工艺划分）同一时期设置的地名标志产品作为一个整体，然后在“前”、“中”、“后”各取一定数量的地名标志产品。

第三步是确定产品的取样数量。这也是一个关键步骤，一般来说，总体越大，相应需要的样本容量越大。《地名　标志》国家标准规定：“对于形式检验而言，用相同材料和工艺生产的地名标志，累计生产1500件，作为一个检验批。一个检验批，共抽取3件，每生产500件随机抽取1件。”“对于出厂检验而言，交给每一个用户的产品，作为一个检验批（超过1500件时，应增加检验批）。一个检验批，共抽取3件，每生产500件随机抽取1件，少于1500件时，也要抽取3件。”这主要讲的是企业的取样数量。对于设标部门而言，同一企业生产的同一类型（按照产品工艺划分）的地名标志产品，作为一个检验批，超过1500件时，应增加检验批。一个检验批，共抽取3件，每500件随机抽取1件，少于1500件时，也要抽取3件。

2. 相关试样的制备

（1）总体要求。地名标志产品试样制备可以采取如下几种方法：

a）以完整的地名标志产品作为试样；

b）从地名标志产品中划出相应尺寸作为试样；

c）从地名标志产品中截取相应尺寸作为试样。

（2）地名标志产品用反光材料的试样制备。在检测反光地名标志产品所使用的反光材料的各项性能是否符合相关国家标准时，通常是将用于生产地名标志的反光材料按照下表要求单独制备试样。

表8-1　反光材料试样数量及试样制备对照表

检测项目	试样数量	试样制备	备　注
光学试验	红、白、蓝、绿反光膜板各1块	在（长）150mm ×（宽）150mm ×（厚）2mm的铝板上贴相同幅面的红、白、蓝、绿反光膜	

续表

检测项目	试样数量	试样制备	备 注
附着性能试验	红、白、蓝、绿反光膜条板各3块	（长）200mm ×（宽）50mm ×（厚）2mm的铝板上将（长）200mm ×（宽）25mm的反光膜由左向右贴100mm	见图7.1和7.2
收缩试验	红、白、蓝、绿反光膜各3张	将反光膜裁剪成（长）230mm ×（宽）230mm大小	
弯曲试验	红、白、蓝、绿反光膜各3张	将反光膜裁剪成（长）230mm ×（宽）70mm大小	
抗拉、防粘纸的剥离试验	红、白、蓝、绿反光膜各6张	将反光膜裁剪成（长）150mm ×（宽）25mm大小	
化学试验	红、白、蓝、绿反光膜板4块	每种颜色各3条，每条尺寸：（长）150mm ×（宽）25mm，粘贴在（长）240mm ×（宽）160mm ×（厚）2mm的铝板上，正反面各贴6条，共12条	见图7.3和7.4

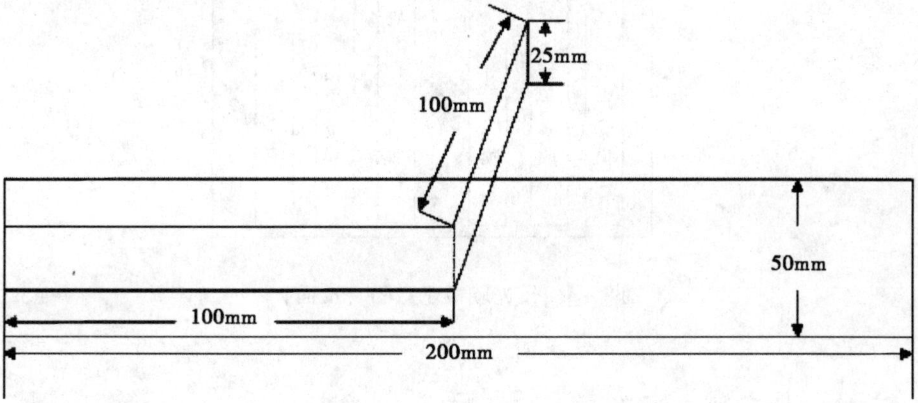

图8－1 测试反光膜附着力性能试样示意图

图 8－2　测试反光膜附着力性能试样

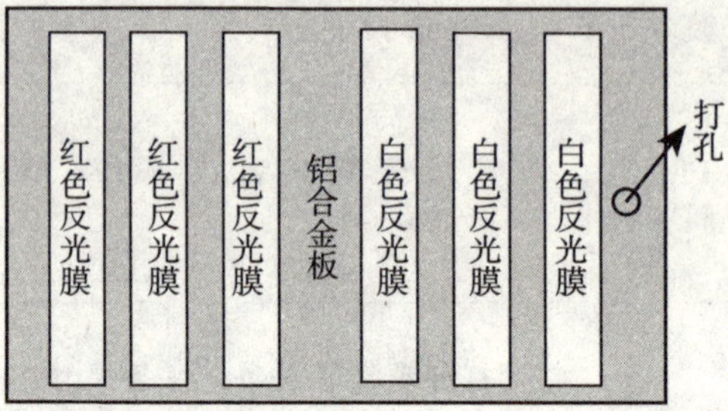

图 8－3　反光膜板示意图（正面）

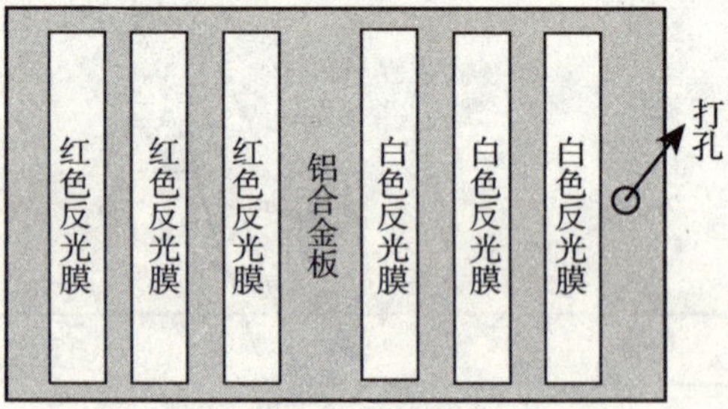

图 8－4　反光膜板示意图（反面）

二、外观检查试验

外观检查试验是检测产品外观性能的试验方法，一般包括以下几个方面。

1. **裂纹**

在明亮的环境中（光照度不小于 150lx），面对反光地名标志和长余辉蓄光膜制作的地名标志的图文书写平面目测。如果发现裂纹，直接判断产品存在缺陷。如果没发现裂纹，产品不存在方面缺陷。如果目测发现有可能存在裂纹，就需要在可疑位置表面滴墨水，3min 后将墨水擦掉，检查是否有残留的墨水渗透其中。如果有墨水渗透的现象，那么就说明存在裂纹；如果没有墨水渗透的现象，那么就不是裂纹，而可能是划痕等损伤。

2. **气泡**

一般情况下，采用累计方格法测量气泡的面积。方格法，也称累计方格法，就是将气泡表面划成 N 个方格，测量每个方格的面积，然后求和。一般而言，方格面积应均匀，约为气泡面积的 1/20，不足每格面积 1/2 的舍掉，多于每格面积 1/2 的进 1。

如果发现气泡面积过大，甚至可以在这个气泡区域内划出一个面积大于等于 $20mm^2$ 的矩形时，也可以直接判断该产品为不合格产品。

3. **其他外观检查试验**

（1）损伤及颜色均匀性。在明亮的环境中（光照度不小于 150lx），面对地名标志图文书写平面目测，检查是否存在损伤和颜色不均匀等现象。

（2）发光均匀性。在黑暗环境中，距离标志 5m 处目测正常发光的 LED 地名标志和激发后的长余辉蓄光地名标志图文书写平面，检查是否存在明显发光不均匀现象。

（3）反光均匀性。在明亮的环境中（光照度不小于 150lx），面对具有反光性能的地名标志的图文书写平面目测，检查是否存在明显反光不均匀现象。

第二节　环境性能试验

一、环境性能试验概述

环境试验是一种经过多年发展起来的技术，其目的是通过使用一系列模拟环境条件，在较短的时间内，使产品在实际应用过程中可能发生的任何损伤、破坏、功能失效等情况，也同样能够由这些模拟的试验条件诱发。并通过这些损伤、破坏、功能失效的程度，对产品在实际应用过程中使用寿命进行一定程度的预测。

1. 环境试验的内容

广义上讲，环境试验包括机械环境试验、气候环境试验和综合环境试验。机械环境试验的环境因素主要是指：振动、冲击、碰撞、恒加速和噪声等等。气候环境试验的环境因素主要是指：温度、湿度、低气压、盐雾、淋雨、霉菌、太阳辐射、尘埃等。综合环境试验的环境因素主要是指：机械环境和气候环境相结合的环境因素。具体情况如下图所示。

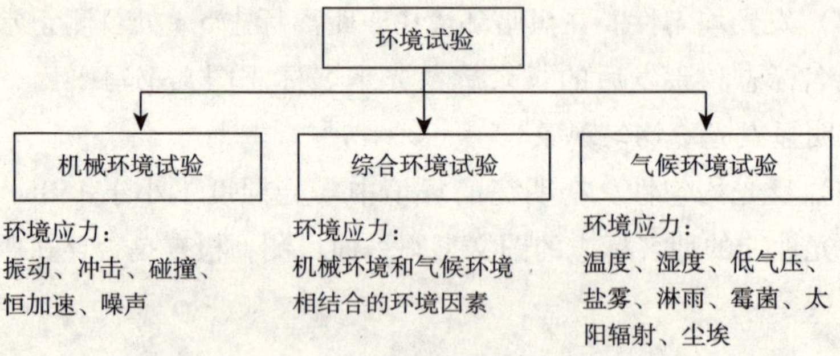

图 8－5　环境试验的分类

一般讲的环境试验主要是气候环境试验，结合地名标志产品的特性，本标准规定地名标志产品应进行耐湿热性能试验、耐高温性能试验、耐低温性能试验、耐盐雾腐蚀性能试验等气候环境试验。由于耐候性能试验可以综合评价地名标志产品的耐淋雨、霉菌、太阳辐射等环境条件的能力，所以地名标志产品还应进行耐候性能试验。

2. 环境试验的顺序

环境试验往往是一种组合试验。这种组合试验主要是由一系列模拟的环境试验项目组成，设计环境试验时，不可避免地会遇到两个问题：一是用同一试验试样进行多个试验项目时，其先后顺序，是随意安排，还是按一定原则；二是两个试验项目之间时间间隔是否有要求，其试验前后的检测可否可以简化。两个问题的答案都是肯定的，各试验之间都应有顺序；同组内试验之间应该有时间间隔，而且同组内各试验项目开始前和结束后一般均应进行检测。

我国国家标准 GB/T 2421 — 1999《电工电子产品环境试验总则》中提供了适用于大多数产品的试验顺序，依次为低温、高温、温度剧变、冲击、振动、空气压力、交变湿热、恒定湿热、腐蚀、沙尘、固体物质侵入、水（雨）侵入。

考虑到地名标志应用环境的实际情况，结合 GB/T 2421 — 1999 中的相关规定，确定地名标志的环境性能试验分三组进行。耐盐雾腐蚀性能试验和耐候性能试验分别为一组，耐湿热性能试验、耐高温性能试验、耐低温性能试验为一组，试验顺序是：低温→高温→湿热。且三种环境性能试验之间的时间间隔应不低于 12h。

二、耐盐雾腐蚀性能试验

耐盐雾腐蚀性能试验是一种主要利用盐雾试验设备所创造的人工模拟盐雾环境条件检验产品耐盐雾腐蚀性能的环境试验。它一般分为两大类，一类是天然环境暴露试验，另一类是人工加速模拟盐雾环境试验。人工加速模拟盐雾试验又包括中性盐雾试验、醋酸盐雾试验、铜盐加速醋酸盐雾试验、交变盐雾试验。

1. 地名标志耐盐雾腐蚀性能试验方法的确定

本标准中规定地名标志耐盐雾腐蚀性能试验的方法采用中性盐雾试

验。中性盐雾试验（NSS 试验）是出现最早的目前应用领域最广的一种加速腐蚀试验方法。它采用5%的氯化钠盐水溶液，溶液 pH 值调在中性范围（6～7）作为喷雾用的溶液。试验温度是35℃ ±2℃，要求盐雾的沉降率在1～2ml/h · cm^2 之间。结合 GB/T 2423. 17 — 1993《电工电子产品基本环境试验规程试验 Ka：盐雾试验方法》中的相关规定，地名标志产品采用连续雾化，试验的时间是120h。盐雾试验箱符合 GB/T 10587《盐雾试验箱技术条件》的相关要求。

2. 影响地名标志耐盐雾腐蚀性能试验的因素

影响耐盐雾腐蚀性能试验的主要因素包括：试验温度、盐溶液的浓度、试样放置角度、盐溶液的 pH 值、盐雾沉降量等。

（1）试验温度。试验温度越高盐雾腐蚀速度越快。国际电工委员会 IEC 60355：1971《大气腐蚀加速试验问题的评价》标准指出："温度每升高10℃，腐蚀速度提高2～3倍，电解质的电导率增加10～20%。"这是因为温度升高，分子运动加剧，化学反应速度加快的结果。对于中性盐雾试验，大多数学者认为试验温度选在35℃较为恰当。如果试验温度过高，盐雾腐蚀机理与实际情况差别较大。因此，地名标志在进行耐盐雾腐蚀性能试验时，其温度要保持在35℃ ±2℃的范围内。

（2）盐溶液的浓度。盐溶液的浓度对腐蚀速度的影响与材料和覆盖层的种类有关。浓度在5%以下时铝合金的腐蚀速度随浓度的增加而增加；当浓度大于5%时，铝合金的腐蚀速度却随着浓度的增加而下降。因而，为了在短时间内，取得最佳的腐蚀效果，降低试验时间，本标准中规定地名标志耐盐雾腐蚀性能试验的盐溶液的质量分数是5% ±0. 1%。

（3）试样的放置角度。试样的放置角度对耐盐雾腐蚀性能试验的结果有明显影响。盐雾的沉降方向是接近垂直方向的，试样水平放置时，它的投影面积最大，试样表面承受的盐雾量也最多，因此腐蚀最严重。GB/T 2423. 17 — 1993《电工电子产品基本环境试验规程试验 Ka：盐雾试验方法》标准规定："平板状试样的放置方法，应该使受试面与垂直方向成30°角。”故本标准中规定地名标志进行耐盐雾腐蚀性能试验时，受试表面与竖直方向成30°角。

（4）盐雾沉降量。盐雾沉降量越大，腐蚀性也越强。故进行耐盐雾腐蚀性能试验的盐雾试验箱应定期（一般为1年）进行检测，确保其盐雾的沉降率在1～2ml/h·80cm^2之间。

3. 地名标志耐盐雾腐蚀性能试验结果的表述和判定

耐盐雾腐蚀性能试验结果的表述有很多种方法，一般有按照腐蚀物的特征进行表述、按照腐蚀率进行表述、按照重量增减进行表述等。地名标志产品的耐盐雾腐蚀性能试验按照腐蚀物的特征进行表述，具体的表述是“试验后，试样表面不应出现变色、起泡和侵蚀等现象”。

三、耐候性能试验

地名标志产品的耐候性能是一项很重要的技术指标。耐候性能试验是检验地名标志耐候性能的试验，通常也称老化试验。

1. 试验简介

耐候性能试验主要包括自然耐候性能试验和人工耐候性能试验。自然耐候性能试验主要有大气耐候性能试验、仓库贮存试验、埋地试验、海水浸渍试验等，它们的试验结果比较准确、可靠，近似于实际使用环境，但试验周期长，很难满足检测地名标志的需要。故通常采用人工耐候性能试验检测地名标志的耐候性能。

人工耐候性能试验就是用人工的方法，模拟近似于大气环境条件或某种特定条件，并强化某种因素，以期在较短的时间内就能获得试验结果。在实际工作中，这类试验一般使用较多的是人工气候试验。

2. 地名标志耐候性能试验方法的确定

由于氙灯的光谱潜图与自然光的光谱图在紫外和可见光部分很相似，因此氙灯可以很好地模拟自然光。氙灯与自然光光谱图比较如下图所示。故在《地名　标志》国家标准中，GB/T 1865 — 1997《色漆和清漆人工气候老化和人工辐射暴露（滤过的氙弧辐射）》国家标准，并结合对交通标志板等相关产品的对比分析，确定采用氙弧灯型耐候试验机对地名标志产品进行耐候性能试验。

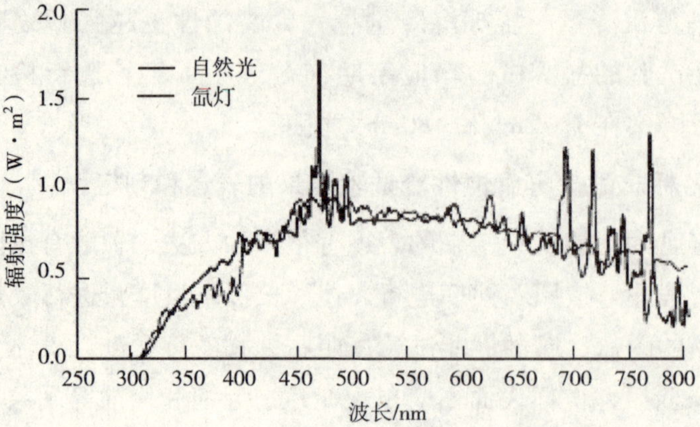

图 8－6　氙灯与自然光光谱图对照图

氙弧灯型耐候试验机简称氙灯试验箱，是通过增加玻璃窗过滤器和日光过滤器模拟阳光中 290～800nm 波长范围的全光谱，并实现温度、湿度、雨淋等不同环境条件。考虑到光的辐射强度和光谱能量分布特点的诸多因素，通过编制程序达到设置与控制。为了实现模拟日光，着重要控制以下几个部件：

（1）氙灯。氙灯是一种精确的气体放电灯，它使用石英球罩密封和过滤技术，可以精确调节其光谱能量分布，可以模拟各种条件下的自然光。

（2）冷却系统。在氙灯技术发展过程中，出现了两种冷却系统：风冷和水冷系统。冷却类型对设备的总体设计和光学过滤系统都有影响。目前使用较多的是水冷氙灯，水冷氙灯是由 2 块同轴圆柱形光学滤镜围住的一个密封石英管，冷却水在灯表面、内滤镜和外滤镜之间流动。除了冷却功能，水还能吸收 1200nm 波长以上的光线，减少氙灯中过多的红外线能量。这不但能起到保持试样温度稳定的作用，而且还可以使用红外线吸收滤镜进一步减少红外能量，以保证试验模拟自然环境的效果。

（3）滤镜。未过滤的氙弧灯在短波紫外线区的辐射能力很强。滤镜的主要目的是辅助过滤，过滤这些短波紫外线，获得所需的能量光谱分布。

3. 耐候性能试验的注意事项

（1）氙灯使用寿命一般为1600～2000h，使用寿命长短与辐照度水平有关。由于辐照度和波长能量决定灯管的使用寿命，为了得到有价值的检测结果，当灯管达到有效使用寿命时，灯管的紫外线能量已达不到有效水平，最好予以更换。更换灯管时一定要戴手套，以防手指上的油脂、汗渍玷污灯管，影响试验结果。

（2）喷淋试样必须使用高纯度的水。主要因为超纯净水可保证清洁的测试条件及测试的重现性。此外，如果不对水进行特别处理以除去阳离子、阴离子、有机物，尤其是硅，试样表面就会产生污点，这样会影响试验结果的判定。因此，喷淋水的固体物质及硅的含量应分别小于1μg/g 和0.2μg/g。

（3）除了以上两方面外，影响试验结果的主要因素还有：试验箱内温度分布和温度的波动，空气流速产生的影响，试验箱换气率的影响，试样制备工艺和加工方法的影响，箱内悬挂试样数量的影响和试样试验后停放时间的影响。所以，在实际操作中，必须严格按照标准规定的方法进行操作，尽量减少误差，使检验结果更加准确、可靠。

长余辉蓄光地名标准亮度性能的测量过程在标准中已经进行了详细描述。但是需要对试验设备的选择进行必要的说明。

（1）D65 标准光源。长余辉蓄光地名标志主要在户外使用。因而在试验时，采用能尽量模拟太阳光的激发条件，是最理想的。D65 标准光源的相关色温为6500K，相当于日光的色温。因此，在试验中，我们使用 D65 标准光源对长余辉蓄光地名标志试样进行激发。

（2）1980B Pritchard 光度计。从长余辉蓄光地名标志亮度性能的单位 mcd/m^2 我们可以看出，长余辉蓄光地名标志的亮度是单位面积内发光强度的平均值，所以测量点的面积越小，得到的长余辉蓄光地名标志的亮度值就越能准确地反映出该点的实际亮度值。

当在一个很大的视场内测量很小的目标或试样时，必须有一个精确的光学系统才能对光强度作正确的测量。Pritchard 就是这样一个光学系统。物镜在 Pritchard 镜上成一个像，被测光通过选择的孔径和滤色片轮到达光电倍增管探测器。Pritchard 镜表面的一部分光反射到观察系统。操作者看见一个明亮的、正立的、放大的像，在像的中心是一个黑点。该点由 Pritchard 镜上的孔产生，由于只有通过该孔的光才能被测量，所以通过降低孔径的大小，就可以相对精确地规定测量范围。故此，我们建议使用 Pritchard 光度计测量长余辉蓄光地名标志的亮度。

附 录

附录一

中华人民共和国标准化法

第一章 总 则

第一条 为了发展社会主义商品经济，促进技术进步，改进产品质量，提高社会经济效益，维护国家和人民的利益，使标准化工作适应社会主义代化建设和发展对外经济关系的需要，制定本法。

第二条 对下列需要统一的技术要求，应当制定标准：

（一）工业产品的品种、规格、质量、等级或者安全、卫生要求。

（二）工业产品的设计、生产、检验、包装、储存、运输、使用的方法或者生产、储存、运输过程中的安全、卫生要求。

（三）有关环境保护的各项技术要求和检验方法。

（四）建设工程的设计、施工方法和安全要求。

（五）有关工业生产、工程建设和环境保护的技术术语、符号、代号和制图方法。重要农产品和其他需要制定标准的项目，由国务院规定。

第三条 标准化工作的任务是制定标准、组织实施标准和对标准的实施进行监督。标准化工作应当纳入国民经济和社会发展计划。

第四条 国家鼓励积极采用国际标准。

第五条 国务院标准化行政主管部门统一管理全国标准化工作。国务院有关行政主管部门分工管理本部门、本行业的标准化工作。

省、自治区、直辖市标准化行政主管部门统一管理本行政区域的标准化工作。省、自治区、直辖市政府有关行政主管部门分工管理本行政区域内本部门、本行业的标准化工作。

市、县标准化行政主管部门和有关行政主管部门，按照省、自治区、直辖市政府规定的各自的职责，管理本行政区域内的标准化工作。

第二章 标准的制定

第六条 对需要在全国范围内统一的技术要求，应当制定国家标准。国家标准由国务院标准化行政主管部门制定。对没有国家标准而又需要在全国某个行业范围内统一的技术要求，可以制定行业标准。行业标准由国务院有关行政主管部门制定，并报国务院标准化行政主管部门备案，在公布国家标准之后，该项行业标准即行废止。对没有国家标准和行业标准而又需要在省、自治区、直辖市范围内统一的工业产品的安全、卫生要求，可以制定地方标准。地方标准由省、自治区、直辖市标准化行政主管部门制定，并报国务院标准化行政主管部门和国务院有关行政主管部门备案，在公布国家标准或者行业标准之后，该项地方标准即行废止。

企业生产的产品没有国家标准和行业标准的，应当制定企业标准，作为组织生产的依据。企业的产品标准须报当地政府标准化行政主管部门和有关行政主管部门备案。已有国家标准或者行业标准的，国家鼓励企业制定严于国家标准或者行业标准的企业标准，在企业内部适用。

法律对标准的制定另有规定的，依照法律的规定执行。

第七条 国家标准、行业标准分为强制性标准和推荐性标准。保障人体健康，人身、财产安全的标准和法律、行政法规规定强制执行的标准是强制性标准，其他标准是推荐性标准。

省、自治区、直辖市标准化行政主管部门制定的工业产品的安全、卫生要求的地方标准，在本行政区域内是强制性标准。

第八条 制定标准应当有利于保障安全和人民的身体健康，保护消费者的利益，保护环境。

第九条 制定标准应当有利于合理利用国家资源，推广科学技术成果，提高经济效益，并符合使用要求，有利于产品的通用互换，做到技术上先进，经济上合理。

第十条 制定标准应当做到有关标准的协调配套。

第十一条 制定标准应当有利于促进对外经济技术合作和对外贸易。

第十二条 制定标准应当发挥行业协会、科学研究机构和学术团体的作用。制定标准的部门应当组织由专家组成的标准化技术委员会，负责标准的草拟，参加标准草案的审查工作。

第十三条 标准实施后，制定标准的部门应当根据科学技术的发展和经济建设的需要适时进行复审，以确认现行标准继续有效或者予以修订、废止。

第三章 标准的实施

第十四条 强制性标准，必须执行。不符合强制性标准的产品，禁止生产、销售和进口。推荐性标准，国家鼓励企业自愿采用。

第十五条 企业对有国家标准或者行业标准的产品，可以向国务院标准化行政主管部门或者国务院标准化行政主管部门授权的部门申请产品质量认证。认证合格的，由认证部门授予认证证书，准许在产品或者其包装上使用规定的认证标志。

已经取得认证证书的产品不符合国家标准或者行业标准的，以及产品未经认证或者认证不合格的，不得使用认证标志出厂销售。

第十六条 出口产品的技术要求，依照合同的约定执行。

第十七条 企业研制新产品。改进产品，进行技术改造，应当符合标准化要求。

第十八条 县级以上政府标准化行政主管部门负责对标准的实施进行监督检查。

第十九条 县级以上政府标准化行政主管部门，可以根据需要设置检验机构，或者授权其他单位的检验机构，对产品是否符合标准进行检验。法律、行政法规对检验机构另有规定的，依照法律、行政法规的规定执行。

处理有关产品是否符合标准的争议，以前款规定的检验机构的检验数据为准。

第四章　法律责任

第二十条 生产、销售、进口不符合强制性标准的产品的，由法律、行政法规规定的行政主管部门依法处理，法律、行政法规未作规定的，由工商行政管理部门没收产品和违法所得，并处罚款；造成严重后果构成犯罪的，对直接责任人员依法追究刑事责任。

第二十一条 已经授予认证证书的产品不符合国家标准或者行业标准而使用认证标志出厂销售的，由标准化行政主管部门责令停止销售，并处罚款；情节严重的，由认证部门撤销其认证证书。

第二十二条 产品未经认证或者认证不合格而擅自使用认证标志出厂销售的，由标准化行政主管部门责令停止销售，并处罚款。

第二十三条 当事人对没收产品、没收违法所得和罚款的处罚不服的，可以在接到处罚通知之日起十五日内，向作出处罚决定的机关的上一级机关申请复议；对复议决定不服的，可以在接到复议决定之日起十五日内，向人民法院起诉。当事人也可以在接到处罚通知之日起十五日内，直接向人民法院起诉。当事人逾期不申请复议或者不向人民法院起诉又不履行处罚决定的，由作出处罚决定的机关申请人民法院强制执行。

第二十四条 标准化工作的监督、检验、管理人员违法失职、徇私舞弊的，给予行政处分；构成犯罪的，依法追究刑事责任。

第五章　附　则

第二十五条　本法实施条例由国务院制定。

第二十六条　本法自 1989 年 4 月 1 日起施行。

附录二

中华人民共和国标准化法实施条例

（1990年4月6日中华人民共和国国务院令第53号发布，自发布之日起施行）

第一章　总　则

第一条　根据《中华人民共和国标准化法》（以下简称《标准化法》）的规定，制定本条例。

第二条　对下列需要统一的技术要求，应当制定标准：

（一）工业产品的品种、规格、质量、等级或者安全、卫生要求；

（二）工业产品的设计、生产、试验、检验、包装、储存、运输、使用的方法或者生产、储存、运输过程中的安全、卫生要求；

（三）有关环境保护的各项技术要求和检验方法；

（四）建设工程的勘察、设计、施工、验收的技术要求和方法；

（五）有关工业生产、工程建设和环境保护的技术术语、符号、代号、制图方法、互换配合要求；

（六）农业（含林业、牧业、渔业，下同）产品（含种子、种苗、种畜、种禽，下同）的品种、规格、质量、等级、检验、包装、储存、运输以及生产技术、管理技术的要求；

（七）信息、能源、资源、交通运输的技术要求。

第三条　国家有计划地发展标准化事业。标准化工作应当纳入各级国民经济和社会发展计划。

第四条　国家鼓励采用国际标准和国外先进标准，积极参与制定国际标准。

第二章　标准化工作的管理

第五条　标准化工作的任务是制定标准、组织实施标准和对标准的实施进行监督。

第六条　国务院标准化行政主管部门统一管理全国标准化工作，履行下列职责：

（一）组织贯彻国家有关标准化工作的法律、法规、方针、政策；

（二）组织制定全国标准化工作规划、计划；

（三）组织制定国家标准；

（四）指导国务院有关行政主管部门和省、自治区、直辖市人民政府标准化行政主管部门的标准化工作，协调和处理有关标准化工作问题；

（五）组织实施标准；

（六）对标准的实施情况进行监督检查；

（七）统一管理全国的产品质量认证工作；

（八）统一负责对有关国际标准化组织的业务联系。

第七条　国务院有关行政主管部门分工管理本部门、本行业的标准化工作，履行下列职责：

（一）贯彻国家标准化工作的法律、法规、方针、政策，并制定在本部门、本行业实施的具体办法；

（二）制定本部门、本行业的标准化工作规划、计划；

（三）承担国家下达的草拟国家标准的任务，组织制定行业标准；

（四）指导省、自治区、直辖市有关行政主管部门的标准化工作；

（五）组织本部门、本行业实施标准；

（六）对标准实施情况进行监督检查；

（七）经国务院标准化行政主管部门授权，分工管理本行业的产品质量认证工作。

第八条　省、自治区、直辖市人民政府标准化行政主管部门统一管理本行政区域的标准化工作，履行下列职责：

（一）贯彻国家标准化工作的法律、法规、方针、政策，并制定在本行政区域实施的具体办法；

（二）制定地方标准化工作规划、计划；

（三）组织制定地方标准；

（四）指导本行政区域有关行政主管部门的标准化工作，协调和处理有关标准化工作问题；

（五）在本行政区域组织实施标准；

（六）对标准实施情况进行监督检查。

第九条 省、自治区、直辖市有关行政主管部门分工管理本行政区域内本部门、本行业的标准化工作，履行下列职责：

（一）贯彻国家和本部门、本行业、本行政区域标准化工作的法律、法规、方针、政策，并制定实施的具体办法；

（二）制定本行政区域内本部门、本行业的标准化工作规划、计划；

（三）承担省、自治区、直辖市人民政府下达的草拟地方标准的任务；

（四）在本行政区域内组织本部门、本行业实施标准；

（五）对标准实施情况进行监督检查。

第十条 市、县标准化行政主管部门和有关行政主管部门的职责分工，由省、自治区、直辖市人民政府规定。

第三章 标准的制定

第十一条 对需要在全国范围内统一的下列技术要求，应当制定国家标准（含标准样品的制作）：

（一）互换配合、通用技术语言要求；

（二）保障人体健康和人身、财产安全的技术要求；

（三）基本原料、燃料、材料的技术要求；

（四）通用基础件的技术要求；

（五）通用的试验、检验方法；

（六）通用的管理技术要求；

（七）工程建设的重要技术要求；

（八）国家需要控制的其他重要产品的技术要求。

第十二条 国家标准由国务院标准化行政主管部门编制计划，组织草拟，统一审批、编号、发布。

工程建设、药品、食品卫生、兽药、环境保护的国家标准，分别由国务院工程建设主管部门、卫生主管部门、农业主管部门、环境保护主管部门组织草拟、审批；其编号、发布办法由国务院标准化行政主管部门会同国务院有关行政主管部门制定。

法律对国家标准的制定另有规定的，依照法律的规定执行。

第十三条 对没有国家标准而又需要在全国某个行业范围内统一的技术要求，可以制定行业标准（含标准样品的制作）。制定行业标准的项目由国务院有关行政主管部门确定。

第十四条 行业标准由国务院有关行政主管部门编制计划，组织草拟，统一审批、编号、发布，并报国务院标准化行政主管部门备案。行业标准在相应的国家标准实施后，自行废止。

第十五条 对没有国家标准和行业标准而又需要在省、自治区、直辖市范围内统一的工业产品的安全、卫生要求，可以制定地方标准。制定地方标准的项目，由省、自治区、直辖市人民政府标准化行政主管部门确定。

第十六条 地方标准由省、自治区、直辖市人民政府标准化行政主管部门编制计划，组织草拟，统一审批、编号、发布，并报国务院标准化行政主管部门和国务院有关行政主管部门备案。

法律对地方标准的制定另有规定的，依照法律的规定执行。

地方标准在相应的国家标准或行业标准实施后，自行废止。

第十七条 企业生产的产品没有国家标准、行业标准和地方标准的，应当制定相应的企业标准，作为组织生产的依据。企业标准由企业组织制定（农业企业标准制定办法另定），并按省、自治区、直辖市人民政府的规定备案。

对已有国家标准、行业标准或者地方标准的，鼓励企业制定严于国家标准、行业标准或者地方标准要求的企业标准，在企业内部适用。

第十八条 国家标准、行业标准分为强制性标准和推荐性标准。

下列标准属于强制性标准：

（一）药品标准、食品卫生标准、兽药标准；

（二）产品及产品生产、储运和使用中的安全、卫生标准，劳动安全、卫生标准，运输安全标准；

（三）工程建设的质量、安全、卫生标准及国家需要控制的其他工程建设标准；

（四）环境保护的污染物排放标准和环境质量标准；

（五）重要的通用技术术语、符号、代号和制图方法；

（六）通用的试验、检验方法标准；

（七）互换配合标准；

（八）国家需要控制的重要产品质量标准。

国家需要控制的重要产品目录由国务院标准化行政主管部门会同国务院有关行政主管部门确定。

强制性标准以外的标准是推荐性标准。

省、自治区、直辖市人民政府标准化行政主管部门制定的工业产品的安全、卫生要求的地方标准，在本行政区域内是强制性标准。

第十九条 制定标准应当发挥行业协会、科学技术研究机构和学术团体的作用。

制定国家标准、行业标准和地方标准的部门应当组织由用户、生产单位、行业协会、科学技术研究机构、学术团体及有关部门的专家组成标准化技术委员会，负责标准草拟和参加标准草案的技术审查工作。未组成标准化技术委员会的，可以由标准化技术归口单位负责标准草拟和参加标准草案的技术审查工作。

制定企业标准应当充分听取使用单位、科学技术研究机构的意见。

第二十条 标准实施后，制定标准的部门应当根据科学技术的发展和经济建设的需要适时进行复审。标准复审周期一般不超过五年。

第二十一条 国家标准、行业标准和地方标准的代号、编号办法，由国务院标准化行政主管部门统一规定。

企业标准的代号、编号办法，由国务院标准化行政主管部门会同国务院有关行政主管部门规定。

第二十二条 标准的出版、发行办法，由制定标准的部门规定。

第四章 标准的实施与监督

第二十三条 从事科研、生产、经营的单位和个人，必须严格执行强制性标准。不符合强制性标准的产品，禁止生产、销售和进口。

第二十四条 企业生产执行国家标准、行业标准、地方标准或企业标准，应当在产品或其说明书、包装物上标注所执行标准的代号、编号、名称。

第二十五条 出口产品的技术要求由合同双方约定。

出口产品在国内销售时，属于我国强制性标准管理范围的，必须符合强制性标准的要求。

第二十六条 企业研制新产品、改进产品、进行技术改造，应当符合标准化要求。

第二十七条 国务院标准化行政主管部门组织或授权国务院有关行政主管部门建立行业认证机构，进行产品质量认证工作。

第二十八条 国务院标准化行政主管部门统一负责全国标准实施的监督。国务院有关行政主管部门分工负责本部门、本行业的标准实施的监督。

省、自治区、直辖市标准化行政主管部门统一负责本行政区域内的标准实施的监督。省、自治区、直辖市人民政府有关行政主管部门分工负责本行政区域内本部门、本行业的标准实施的监督。

市、县标准化行政主管部门和有关行政主管部门，按照省、自治区、直辖市人民政府规定的各自的职责，负责本行政区域内的标准实施的监督。

第二十九条 县级以上人民政府标准化行政主管部门，可以根据需要设置检验机构，或者授权其他单位的检验机构，对产品是否符合标准进行检验和承担其他标准实施的监督检验任务。检验机构的设置应当合理布局，充分利用现有力量。

国家检验机构由国务院标准化行政主管部门会同国务院有关行政主管部门规划、审查。地方检验机构由省、自治区、直辖市人民政府标准化行政主管部门会同省级有关行政主管部门规划、审查。

处理有关产品是否符合标准的争议，以本条规定的检验机构的检验数据为准。

第三十条 国务院有关行政主管部门可以根据需要和国家有关规定设立检验机构，负责本行业、本部门的检验工作。

第三十一条 国家机关、社会团体、企业事业单位及全体公民均有权检举、揭发违反强制性标准的行为。

第五章 法律责任

第三十二条 违反《标准化法》和本条例有关规定，有下列情形之一的，由标准化行政主管部门或有关行政主管部门在各自的职权范围内责令限期改进，并可通报批评或给予责任者行政处分：

（一）企业未按规定制定标准作为组织生产依据的；

（二）企业未按规定要求将产品标准上报备案的；

（三）企业的产品未按规定附有标识或与其标识不符的；

（四）企业研制新产品、改进产品、进行技术改造，不符合标准化要求的；

（五）科研、设计、生产中违反有关强制性标准规定的。

第三十三条 生产不符合强制性标准的产品的，应当责令其停止生产，并没收产品，监督销毁或作必要技术处理；处以该批产品货值金额百分之二十至百分之五十的罚款；对有关责任者处以五千元以下罚款。

销售不符合强制性标准的商品的，应当责令其停止销售，并限期追回已售出的商品，监督销毁或作必要技术处理；没收违反所得；处以该批商品货值金额百分之十至百分之二十的罚款；对有关责任者处以五千元以下罚款。

进口不符合强制性标准的产品的，应当封存并没收该产品，监督销毁或作必要技术处理；处以进口产品货值金额百分之二十至百分之五十的罚款；对有关责任者给予行政处分，并可以处以五千元以下罚款。

本条规定的责令停止生产、行政处分，由有关行政主管部门决定；其他行政处罚由标准化行政主管部门和工商行政管理部门依据职权决定。

第三十四条 生产、销售、进口不符合强制性标准的产品，造成严重后果，构成犯罪的，由司法机关依法追究直接责任人员的刑事责任。

第三十五条 获得认证证书的产品不符合认证标准而使用认证标志出厂销售的，由标准化行政主管部门责令其停止销售，并处以违法所得二倍以下的罚款；情节严重的，由认证部门撤销其认证证书。

第三十六条 产品未经认证或者认证不合格而擅自使用认证标志出厂销售的，由标准化行政主管部门责令其停止销售，处以违法所得三倍以下的罚款，并对单位负责人处以五千元以下罚款。

第三十七条 当事人对没收产品、没收违法所得和罚款的处罚不服的，可以在接到处罚通知之日起十五日内，向作出处罚决定的机关的上一级机关申请复议；对复议决定不服的，可以在接到复议决定之日起十五日内，向人民法院起诉。当事人也可以在接到处罚通知之日起十五日内，直接向人民法院起诉。当事人逾期不申请复议或者不向人民法院起诉又不履行处罚决定的，由作出处罚决定的机关申请人民法院强制执行。

第三十八条 本条例第三十二条至第三十六条规定的处罚不免除由此产生的对他人的损害赔偿责任。受到损害的有权要求责任人赔偿损失。赔偿责任和赔偿金额纠纷可以由有关行政主管部门处理，当事人也可以直接向人民法院起诉。

第三十九条 标准化工作的监督、检验、管理人员有下列行为之一的，由有关主管部门给予行政处分，构成犯罪的，由司法机关依法追究刑事责任：

（一）违反本条例规定，工作失误，造成损失的；

（二）伪造、篡改检验数据的；

（三）徇私舞弊、滥用职权、索贿受贿的。

第四十条 罚没收入全部上缴财政。对单位的罚款，一律从其自有资金中支付，不得列入成本。对责任人的罚款，不得从公款中核销。

第六章 附 则

第四十一条 军用标准化管理条例，由国务院、中央军委另行制定。

第四十二条 工程建设标准化管理规定，由国务院工程建设主管部门依据《标准化法》和本条例的有关规定另行制定，报国务院批准后实施。

第四十三条 本条例由国家技术监督局负责解释。

第四十四条 本条例自发布之日起施行。

附录三

中华人民共和国产品质量法

(1993 年 2 月 22 日第七届全国人民代表大会常务委员会第三十次会议通过)
(根据 2000 年 7 月 8 日第九届全国人民代表大会常务委员会第十六次会议《关于修改〈中华人民共和国产品质量法〉的决定》修正)

第一章 总 则

第一条 为了加强对产品质量的监督管理，提高产品质量水平，明确产品质量责任，保护消费者的合法权益，维护社会经济秩序，制定本法。

第二条 在中华人民共和国境内从事产品生产、销售活动，必须遵守本法。

本法所称产品是指经过加工、制作，用于销售的产品。

建设工程不适用本法规定；但是，建设工程使用的建筑材料、建筑构配件和设备，属于前款规定的产品范围的，适用本法规定。

第三条 生产者、销售者应当建立健全内部产品质量管理制度，严格实施岗位质量规范、质量责任以及相应的考核办法。

第四条 生产者、销售者依照本法规定承担产品质量责任。

第五条 禁止伪造或者冒用认证标志等质量标志；禁止伪造产品的产地，伪造或者冒用他人的厂名、厂址；禁止在生产、销售的产品中掺杂、掺假，以假充真，以次充好。

第六条 国家鼓励推行科学的质量管理方法，采用先进的科学技术，鼓励企业产品质量达到并且超过行业标准、国家标准和国际标准。

对产品质量管理先进和产品质量达到国际先进水平、成绩显著的单位和个人，给予奖励。

第七条 各级人民政府应当把提高产品质量纳入国民经济和社会发

展规划，加强对产品质量工作的统筹规划和组织领导，引导、督促生产者、销售者加强产品质量管理，提高产品质量，组织各有关部门依法采取措施，制止产品生产、销售中违反本法规定的行为，保障本法的施行。

第八条 国务院产品质量监督部门主管全国产品质量监督工作。国务院有关部门在各自的职责范围内负责产品质量监督工作。

县级以上地方产品质量监督部门主管本行政区域内的产品质量监督工作。县级以上地方人民政府有关部门在各自的职责范围内负责产品质量监督工作。

法律对产品质量的监督部门另有规定的，依照有关法律的规定执行。

第九条 各级人民政府工作人员和其他国家机关工作人员不得滥用职权、玩忽职守或者徇私舞弊，包庇、放纵本地区、本系统发生的产品生产、销售中违反本法规定的行为，或者阻挠、干预依法对产品生产、销售中违反本法规定的行为进行查处。

各级地方人民政府和其他国家机关有包庇、放纵产品生产、销售中违反本法规定的行为的，依法追究其主要负责人的法律责任。

第十条 任何单位和个人有权对违反本法规定的行为，向产品质量监督部门或者其他有关部门检举。

产品质量监督部门和有关部门应当为检举人保密，并按照省、自治区、直辖市人民政府的规定给予奖励。

第十一条 任何单位和个人不得排斥非本地区或者非本系统企业生产的质量合格产品进入本地区、本系统。

第二章 产品质量的监督

第十二条 产品质量应当检验合格，不得以不合格产品冒充合格产品。

第十三条 可能危及人体健康和人身、财产安全的工业产品，必须符合保障人体健康和人身、财产安全的国家标准、行业标准；未制定国家标准、行业标准的，必须符合保障人体健康和人身、财产安全的要求。

禁止生产、销售不符合保障人体健康和人身、财产安全的标准和要求的工业产品。具体管理办法由国务院规定。

第十四条 国家根据国际通用的质量管理标准，推行企业质量体系认证制度。企业根据自愿原则可以向国务院产品质量监督部门认可的或者国务院产品质量监督部门授权的部门认可的认证机构申请企业质量体系认证。经认证合格的，由认证机构颁发企业质量体系认证证书。国家参照国际先进的产品标准和技术要求，推行产品质量认证制度。企业根据自愿原则可以向国务院产品质量监督部门认可的或者国务院产品质量监督部门授权的部门认可的认证机构申请产品质量认证。经认证合格的，由认证机构颁发产品质量认证证书，准许企业在产品或者其包装上使用产品质量认证标志。

第十五条 国家对产品质量实行以抽查为主要方式的监督检查制度，对可能危及人体健康和人身、财产安全的产品，影响国计民生的重要工业产品以及消费者、有关组织反映有质量问题的产品进行抽查。抽查的样品应当在市场上或者企业成品仓库内的待销产品中随机抽取。监督抽查工作由国务院产品质量监督部门规划和组织。县级以上地方产品质量监督部门在本行政区域内也可以组织监督抽查。法律对产品质量的监督检查另有规定的，依照有关法律的规定执行。国家监督抽查的产品，地方不得另行重复抽查；上级监督抽查的产品，下级不得另行重复抽查。

根据监督抽查的需要，可以对产品进行检验。检验抽取样品的数量不得超过检验的合理需要，并不得向被检查人收取检验费用。监督抽查所需检验费用按照国务院规定列支。生产者、销售者对抽查检验的结果有异议的，可以自收到检验结果之日起十五日内向实施监督抽查的产品质量监督部门或者其上级产品质量监督部门申请复检，由受理复检的产品质量监督部门作出复检结论。

第十六条 对依法进行的产品质量监督检查，生产者、销售者不得拒绝。

第十七条 依照本法规定进行监督抽查的产品质量不合格的，由实施监督抽查的产品质量监督部门责令其生产者、销售者限期改正。逾期不改正的，由省级以上人民政府产品质量监督部门予以公告；公告后经复查仍不合格的，责令停业，限期整顿；整顿期满后经复查产品质量仍不合格的，吊销营业执照。监督抽查的产品有严重质量问题的，依照本法第五章的有关规定处罚。

第十八条 县级以上产品质量监督部门根据已经取得的违法嫌疑证据或者举报，对涉嫌违反本法规定的行为进行查处时，可以行使下列职权：

（一）对当事人涉嫌从事违反本法的生产、销售活动的场所实施现场检查；

（二）向当事人的法定代表人、主要负责人和其他有关人员调查、了解与涉嫌从事违反本法的生产、销售活动有关的情况；

（三）查阅、复制当事人有关的合同、发票、账簿以及其他有关资料；

（四）对有根据认为不符合保障人体健康和人身、财产安全的国家标准、行业标准的产品或者有其他严重质量问题的产品，以及直接用于生产、销售该项产品的原辅材料、包装物、生产工具，予以查封或者扣押。

县级以上工商行政管理部门按照国务院规定的职责范围，对涉嫌违反本法规定的行为进行查处时，可以行使前款规定的职权。

第十九条 产品质量检验机构必须具备相应的检测条件和能力，经省级以上人民政府产品质量监督部门或者其授权的部门考核合格后，方可承担产品质量检验工作。法律、行政法规对产品质量检验机构另有规定的，依照有关法律、行政法规的规定执行。

第二十条 从事产品质量检验、认证的社会中介机构必须依法设立，不得与行政机关和其他国家机关存在隶属关系或者其他利益关系。

第二十一条 产品质量检验机构、认证机构必须依法按照有关标准，客观、公正地出具检验结果或者认证证明。

产品质量认证机构应当依照国家规定对准许使用认证标志的产品进

行认证后的跟踪检查；对不符合认证标准而使用认证标志的，要求其改正；情节严重的，取消其使用认证标志的资格。

第二十二条 消费者有权就产品质量问题，向产品的生产者、销售者查询；向产品质量监督部门、工商行政管理部门及有关部门申诉，接受申诉的部门应当负责处理。

第二十三条 保护消费者权益的社会组织可以就消费者反映的产品质量问题建议有关部门负责处理，支持消费者对因产品质量造成的损害向人民法院起诉。

第二十四条 国务院和省、自治区、直辖市人民政府的产品质量监督部门应当定期发布其监督抽查的产品的质量状况公告。

第二十五条 产品质量监督部门或者其他国家机关以及产品质量检验机构不得向社会推荐生产者的产品；不得以对产品进行监制、监销等方式参与产品经营活动。

第三章 生产者、销售者的产品质量责任和义务

第一节 生产者的产品质量责任和义务

第二十六条 生产者应当对其生产的产品质量负责。

产品质量应当符合下列要求：

（一）不存在危及人身、财产安全的不合理的危险，有保障人体健康和人身、财产安全的国家标准、行业标准的，应当符合该标准；

（二）具备产品应当具备的使用性能，但是，对产品存在使用性能的瑕疵作出说明的除外；

（三）符合在产品或者其包装上注明采用的产品标准，符合以产品说明、实物样品等方式表明的质量状况。

第二十七条 产品或者其包装上的标识必须真实，并符合下列要求：

（一）有产品质量检验合格证明；

（二）有中文标明的产品名称、生产厂厂名和厂址；

（三）根据产品的特点和使用要求，需要标明产品规格、等级、所

含主要成分的名称和含量的，用中文相应予以标明；需要事先让消费者知晓的，应当在外包装上标明，或者预先向消费者提供有关资料；

（四）限期使用的产品，应当在显著位置清晰地标明生产日期和安全使用期或者失效日期；

（五）使用不当，容易造成产品本身损坏或者可能危及人身、财产安全的产品，应当有警示标志或者中文警示说明。

裸装的食品和其他根据产品的特点难以附加标识的裸装产品，可以不附加产品标识。

第二十八条 易碎、易燃、易爆、有毒、有腐蚀性、有放射性等危险物品以及储运中不能倒置和其他有特殊要求的产品，其包装质量必须符合相应要求，依照国家有关规定作出警示标志或者中文警示说明，标明储运注意事项。

第二十九条 生产者不得生产国家明令淘汰的产品。

第三十条 生产者不得伪造产地，不得伪造或者冒用他人的厂名、厂址。

第三十一条 生产者不得伪造或者冒用认证标志等质量标志。

第三十二条 生产者生产产品，不得掺杂、掺假，不得以假充真、以次充好，不得以不合格产品冒充合格产品。

第二节 销售者的产品质量责任和义务

第三十三条 销售者应当建立并执行进货检查验收制度，验明产品合格证明和其他标识。

第三十四条 销售者应当采取措施，保持销售产品的质量。

第三十五条 销售者不得销售国家明令淘汰并停止销售的产品和失效、变质的产品。

第三十六条 销售者销售的产品的标识应当符合本法第二十七条的规定。

第三十七条 销售者不得伪造产地，不得伪造或者冒用他人的厂名、厂址。

第三十八条 销售者不得伪造或者冒用认证标志等质量标志。

第三十九条 销售者销售产品，不得掺杂、掺假，不得以假充真、以次充好，不得以不合格产品冒充合格产品。

第四章　损害赔偿

第四十条　售出的产品有下列情形之一的，销售者应当负责修理、更换、退货；给购买产品的消费者造成损失的，销售者应当赔偿损失：

（一）不具备产品应当具备的使用性能而事先未作说明的；

（二）不符合在产品或者其包装上注明采用的产品标准的；

（三）不符合以产品说明、实物样品等方式表明的质量状况的。

销售者依照前款规定负责修理、更换、退货、赔偿损失后，属于生产者的责任或者属于向销售者提供产品的其他销售者（以下简称供货者）的责任的，销售者有权向生产者、供货者追偿。

销售者未按照第一款规定给予修理、更换、退货或者赔偿损失的，由产品质量监督部门或者工商行政管理部门责令改正。

生产者之间、销售者之间、生产者与销售者之间订立的买卖合同、承揽合同有不同约定的，合同当事人按照合同约定执行。

第四十一条　因产品存在缺陷造成人身、缺陷产品以外的其他财产（以下简称他人财产）损害的，生产者应当承担赔偿责任。

生产者能够证明有下列情形之一的，不承担赔偿责任：

（一）未将产品投入流通的；

（二）产品投入流通时，引起损害的缺陷尚不存在的；

（三）将产品投入流通时的科学技术水平尚不能发现缺陷的存在的。

第四十二条　由于销售者的过错使产品存在缺陷，造成人身、他人财产损害的，销售者应当承担赔偿责任。销售者不能指明缺陷产品的生产者也不能指明缺陷产品的供货者的，销售者应当承担赔偿责任。

第四十三条　因产品存在缺陷造成人身、他人财产损害的，受害人可以向产品的生产者要求赔偿，也可以向产品的销售者要求赔偿。属于产品的生产者的责任，产品的销售者赔偿的，产品的销售者有权向产品的生产者追偿。属于产品的销售者的责任，产品的生产者赔偿的，产品的生产者有权向产品的销售者追偿。

第四十四条 因产品存在缺陷造成受害人人身伤害的，侵害人应当赔偿医疗费、治疗期间的护理费、因误工减少的收入等费用；造成残疾的，还应当支付残疾者生活自助费、生活补助费、残疾赔偿金以及由其扶养的人所必需的生活费等费用；造成受害人死亡的，并应当支付丧葬费、死亡赔偿金以及由死者生前扶养的人所必需的生活费等费用。因产品存在缺陷造成受害人财产损失的，侵害人应当恢复原状或者折价赔偿。受害人因此遭受其他重大损失的，侵害人应当赔偿损失。

第四十五条 因产品存在缺陷造成损害要求赔偿的诉讼时效期间为两年，自当事人知道或者应当知道其权益受到损害时起计算。

因产品存在缺陷造成损害要求赔偿的请求权，在造成损害的缺陷产品交付最初消费者满十年丧失；但是，尚未超过明示的安全使用期的除外。

第四十六条 本法所称缺陷，是指产品存在危及人身、他人财产安全的不合理的危险；产品有保障人体健康和人身、财产安全的国家标准、行业标准的，是指不符合该标准。

第四十七条 因产品质量发生民事纠纷时，当事人可以通过协商或者调解解决。当事人不愿通过协商、调解解决或者协商、调解不成的，可以根据当事人各方的协议向仲裁机构申请仲裁；当事人各方没有达成仲裁协议或者仲裁协议无效的，可以直接向人民法院起诉。

第四十八条 仲裁机构或者人民法院可以委托本法第十九条规定的产品质量检验机构，对有关产品质量进行检验。

第五章 罚 则

第四十九条 生产、销售不符合保障人体健康和人身、财产安全的国家标准、行业标准的产品的，责令停止生产、销售，没收违法生产、销售的产品，并处违法生产、销售产品（包括已售出和未售出的产品，下同）货值金额等值以上三倍以下的罚款；有违法所得的，并处没收违法所得；情节严重的，吊销营业执照；构成犯罪的，依法追究刑事责任。

第五十条 在产品中掺杂、掺假，以假充真，以次充好，或者以不合格产品冒充合格产品的，责令停止生产、销售，没收违法生产、销售的产品，并处违法生产、销售产品货值金额百分之五十以上三倍以下的罚款；有违法所得的，并处没收违法所得；情节严重的，吊销营业执照；构成犯罪的，依法追究刑事责任。

第五十一条 生产国家明令淘汰的产品的，销售国家明令淘汰并停止销售的产品的，责令停止生产、销售，没收违法生产、销售的产品，并处违法生产、销售产品货值金额等值以下的罚款；有违法所得的，并处没收违法所得；情节严重的，吊销营业执照。

第五十二条 销售失效、变质的产品的，责令停止销售，没收违法销售的产品，并处违法销售产品货值金额二倍以下的罚款；有违法所得的，并处没收违法所得；情节严重的，吊销营业执照；构成犯罪的，依法追究刑事责任。

第五十三条 伪造产品产地的，伪造或者冒用他人厂名、厂址的，伪造或者冒用认证标志等质量标志的，责令改正，没收违法生产、销售的产品，并处违法生产、销售产品货值金额等值以下的罚款；有违法所得的，并处没收违法所得；情节严重的，吊销营业执照。

第五十四条 产品标识不符合本法第二十七条规定的，责令改正；有包装的产品标识不符合本法第二十七条第（四）项、第（五）项规定，情节严重的，责令停止生产、销售，并处违法生产、销售产品货值金额百分之三十以下的罚款；有违法所得的，并处没收违法所得。

第五十五条 销售者销售本法第四十九条至第五十三条规定禁止销售的产品，有充分证据证明其不知道该产品为禁止销售的产品并如实说明其进货来源的，可以从轻或者减轻处罚。

第五十六条 拒绝接受依法进行的产品质量监督检查的，给予警告，责令改正；拒不改正的，责令停业整顿；情节特别严重的，吊销营业执照。

第五十七条 产品质量检验机构、认证机构伪造检验结果或者出具虚假证明的，责令改正，对单位处五万元以上十万元以下的罚款，对直接负责的主管人员和其他直接责任人员处一万元以上五万元以下的罚款；有违法所得的，并处没收违法所得；情节严重的，取消其检验资格、认证资格；构成犯罪的，依法追究刑事责任。产品质量检验机构、认证机构出具的检验结果或者证明不实，造成损失的，应当承担相应的赔偿责任；造成重大损失的，撤销其检验资格、认证资格。

产品质量认证机构违反本法第二十一条第二款的规定，对不符合认证标准而使用认证标志的产品，未依法要求其改正或者取消其使用认证标志资格的，对因产品不符合认证标准给消费者造成的损失，与产品的生产者、销售者承担连带责任；情节严重的，撤销其认证资格。

第五十八条 社会团体、社会中介机构对产品质量作出承诺、保证，而该产品又不符合其承诺、保证的质量要求，给消费者造成损失的，与产品的生产者、销售者承担连带责任。

第五十九条 在广告中对产品质量作虚假宣传，欺骗和误导消费者的，依照《中华人民共和国广告法》的规定追究法律责任。

第六十条 对生产者专门用于生产本法第四十九条、第五十一条所列的产品或者以假充真的产品的原辅材料、包装物、生产工具，应当予以没收。

第六十一条 知道或者应当知道属于本法规定禁止生产、销售的产品而为其提供运输、保管、仓储等便利条件的，或者为以假充真的产品提供制假生产技术的，没收全部运输、保管、仓储或者提供制假生产技术的收入，并处违法收入百分之五十以上三倍以下的罚款；构成犯罪的，依法追究刑事责任。

第六十二条 服务业的经营者将本法第四十九条至第五十二条规定禁止销售的产品用于经营性服务的，责令停止使用；对知道或者应当知道所使用的产品属于本法规定禁止销售的产品的，按照违法使用的产品（包括已使用和尚未使用的产品）的货值金额，依照本法对销售者的处罚规定处罚。

第六十三条 隐匿、转移、变卖、损毁被产品质量监督部门或者工商行政管理部门查封、扣押的物品的，处被隐匿、转移、变卖、损毁物品货值金额等值以上三倍以下的罚款；有违法所得的，并处没收违法所得。

第六十四条 违反本法规定，应当承担民事赔偿责任和缴纳罚款、罚金，其财产不足以同时支付时，先承担民事赔偿责任。

第六十五条 各级人民政府工作人员和其他国家机关工作人员有下列情形之一的，依法给予行政处分；构成犯罪的，依法追究刑事责任：

（一）包庇、放纵产品生产、销售中违反本法规定行为的；

（二）向从事违反本法规定的生产、销售活动的当事人通风报信，帮助其逃避查处的；

（三）阻挠、干预产品质量监督部门或者工商行政管理部门依法对产品生产、销售中违反本法规定的行为进行查处，造成严重后果的。

第六十六条 产品质量监督部门在产品质量监督抽查中超过规定的数量索取样品或者向被检查人收取检验费用的，由上级产品质量监督部门或者监察机关责令退还；情节严重的，对直接负责的主管人员和其他直接责任人员依法给予行政处分。

第六十七条 产品质量监督部门或者其他国家机关违反本法第二十五条的规定，向社会推荐生产者的产品或者以监制、监销等方式参与产品经营活动的，由其上级机关或者监察机关责令改正，消除影响，有违法收入的予以没收；情节严重的，对直接负责的主管人员和其他直接责任人员依法给予行政处分。

产品质量检验机构有前款所列违法行为的，由产品质量监督部门责令改正，消除影响，有违法收入的予以没收，可以并处违法收入一倍以下的罚款；情节严重的，撤销其质量检验资格。

第六十八条 产品质量监督部门或者工商行政管理部门的工作人员滥用职权、玩忽职守、徇私舞弊，构成犯罪的，依法追究刑事责任；尚不构成犯罪的，依法给予行政处分。

第六十九条 以暴力、威胁方法阻碍产品质量监督部门或者工商行政管理部门的工作人员依法执行职务的，依法追究刑事责任；拒绝、阻碍未使用暴力、威胁方法的，由公安机关依照治安管理处罚条例的规定处罚。

第七十条 本法规定的吊销营业执照的行政处罚由工商行政管理部

门决定，本法第四十九条至第五十七条、第六十条至第六十三条规定的行政处罚由产品质量监督部门或者工商行政管理部门按照国务院规定的职权范围决定。法律、行政法规对行使行政处罚权的机关另有规定的，依照有关法律、行政法规的规定执行。

第七十一条 对依照本法规定没收的产品，依照国家有关规定进行销毁或者采取其他方式处理。

第七十二条 本法第四十九条至第五十四条、第六十二条、第六十三条所规定的货值金额以违法生产、销售产品的标价计算；没有标价的，按照同类产品的市场价格计算。

第六章 附 则

第七十三条 军工产品质量监督管理办法，由国务院、中央军事委员会另行制定。

因核设施、核产品造成损害的赔偿责任，法律、行政法规另有规定的，依照其规定。

第七十四条 本法自 1993 年 9 月 1 日起施行。

附录四

中华人民共和国国家通用语言文字法

（《中华人民共和国国家通用语言文字法》是2000年10月31日第九届全国人民代表大会常务委员会第十八次会议通过，2000年10月31日中华人民共和国主席令第37号公布，自2001年1月1日起施行）

第一章　总　则

第一条　为推动国家通用语言文字的规范化、标准化及其健康发展，使国家通用语言文字在社会生活中更好地发挥作用，促进各民族、各地区经济文化交流，根据宪法，制定本法。

第二条　本法所称的国家通用语言文字是普通话和规范汉字。

第三条　国家推广普通话，推行规范汉字。

第四条　公民有学习和使用国家通用语言文字的权利。国家为公民学习和使用国家通用语言文字提供条件。地方各级人民政府及其有关部门应当采取措施，推广普通话和推行规范汉字。

第五条　国家通用语言文字的使用应当有利于维护国家主权和民族尊严，有利于国家统一和民族团结，有利于社会主义物质文明建设和精神文明建设。

第六条　国家颁布国家通用语言文字的规范和标准，管理国家通用语言文字的社会应用，支持国家通用语言文字的教学和科学研究，促进国家通用语言文字的规范、丰富和发展。

第七条　国家奖励为国家通用语言文字事业作出突出贡献的组织和个人。

第八条　各民族都有使用和发展自己的语言文字的自由。少数民族语言文字的使用依据宪法、民族区域自治法及其他法律的有关规定。

第二章　国家通用语言文字的使用

第九条　国家机关以普通话和规范汉字为公务用语用字。法律另有规定的除外。

第十条　学校及其他教育机构以普通话和规范汉字为基本的教育教学用语用字。法律另有规定的除外。

学校及其他教育机构通过汉语文课程教授普通话和规范汉字。使用的汉语文教材，应当符合国家通用语言文字的规范和标准。

第十一条　汉语文出版物应当符合国家通用语言文字的规范和标准。汉语文出版物中需要使用外国语言文字的，应当用国家通用语言文字作必要的注释。

第十二条　广播电台、电视台以普通话为基本的播音用语。需要使用外国语言为播音用语的，须经国务院广播电视部门批准。

第十三条　公共服务行业以规范汉字为基本的服务用字。因公共服务需要，招牌、广告、告示、标志牌等使用外国文字并同时使用中文的，应当使用规范汉字。提倡公共服务行业以普通话为服务用语。

第十四条　下列情形，应当以国家通用语言文字为基本的用语用字：

（一）广播、电影、电视用语用字；

（二）公共场所的设施用字；

（三）招牌、广告用字；

（四）企业事业组织名称；

（五）在境内销售的商品的包装、说明。

第十五条　信息处理和信息技术产品中使用的国家通用语言文字应当符合国家的规范和标准。

第十六条　本章有关规定中，有下列情形的，可以使用方言：

（一）国家机关的工作人员执行公务时确需使用的；

（二）经国务院广播电视部门或省级广播电视部门批准的播音用语；

（三）戏曲、影视等艺术形式中需要使用的；

（四）出版、教学、研究中确需使用的。

第十七条　本章有关规定中，有下列情形的，可以保留或使用繁体字、异体字：

（一）文物古迹；

（二）姓氏中的异体字；

（三）书法、篆刻等艺术作品；

（四）题词和招牌的手书字；

（五）出版、教学、研究中需要使用的；

（六）经国务院有关部门批准的特殊情况。

第十八条　国家通用语言文字以《汉语拼音方案》作为拼写和注音工具。《汉语拼音方案》是中国人名、地名和中文文献罗马字母拼写法的统一规范，并用于汉字不便或不能使用的领域。

初等教育应当进行汉语拼音教学。

第十九条　凡以普通话作为工作语言的岗位，其工作人员应当具备说普通话的能力。

以普通话作为工作语言的播音员、节目主持人和影视话剧演员、教师、国家机关工作人员的普通话水平，应当分别达到国家规定的等级标准；对尚未达到国家规定的普通话等级标准的，分别情况进行培训。

第二十条　对外汉语教学应当教授普通话和规范汉字。

第三章　管理和监督

第二十一条　国家通用语言文字工作由国务院语言文字工作部门负责规划指导、管理监督。国务院有关部门管理本系统的国家通用语言文字的使用。

第二十二条　地方语言文字工作部门和其他有关部门，管理和监督本行政区域内的国家通用语言文字的使用。

第二十三条　县级以上各级人民政府工商行政管理部门依法对企业名称、商品名称以及广告的用语用字进行管理和监督。

第二十四条 国务院语言文字工作部门颁布普通话水平测试等级标准。

第二十五条 外国人名、地名等专有名词和科学技术术语译成国家通用语言文字，由国务院语言文字工作部门或者其他有关部门组织审定。

第二十六条 违反本法第二章有关规定，不按照国家通用语言文字的规范和标准使用语言文字的，公民可以提出批评和建议。

本法第十九条第二款规定的人员用语违反本法第二章有关规定的，有关单位应当对直接责任人员进行批评教育；拒不改正的，由有关单位作出处理。

城市公共场所的设施和招牌、广告用字违反本法第二章有关规定的，由有关行政管理部门责令改正；拒不改正的，予以警告，并督促其限期改正。

第二十七条 违反本法规定，干涉他人学习和使用国家通用语言文字的，由有关行政管理部门责令限期改正，并予以警告。

第四章 附 则

第二十八条 本法自 2001 年 1 月 1 日起施行。

附录五

国务院地名管理条例

1986年1月23日

第一条 为了加强对地名的管理，适应社会主义现代化建设和国际交往的需要，制定本条例。

第二条 本条例所称地名，包括：自然地理实体名称，行政区划名称，居民地名称，各专业部门使用的具有地名意义的台、站、港、场等名称。

第三条 地名管理应当从我国地名的历史和现状出发，保持地名的相对稳定。必须命名和更名时，应当按照本条例规定的原则和审批权限报经批准。未经批准，任何单位和个人不得擅自决定。

第四条 地名的命名应遵循下列规定：

（一）有利于人民团结和社会主义现代化建设，尊重当地群众的愿望，与有关各方协商一致。

（二）一般不以人名作地名。禁止用国家领导人的名字作地名。

（三）全国范围内的县、市以上名称，一个县、市内的乡、镇名称，一个城镇内的街道名称，一个乡内的村庄名称，不应重名，并避免同音。

（四）各专业部门使用的具有地名意义的台、站、港、场等名称，一般应与当地地名统一。

（五）避免使用生僻字。

第五条 地名的更名应遵循下列规定：

（一）凡有损我国领土主权和民族尊严的，带有民族歧视性质和妨碍民族团结的，带有侮辱劳动人民性质和极端庸俗的，以及其他违背国家方针、政策的地名，必须更名。

（二）不符合本条例第四条第三、四、五款规定的地名，在征得有关方面和当地群众同意后，予以更名。

（三）一地多名、一名多写的，应当确定一个统一的名称和用字。

（四）不明显属于上述范围的、可改可不改的和当地群众不同意改的地名，不要更改。

第六条 地名命名、更名的审批权限和程序如下：

（一）行政区划名称的命名、更名，按照国务院《关于行政区划管理的规定》办理。

（二）国内外著名的或涉及两个省（自治区、直辖市）以上的山脉、河流、湖泊等自然地理实体名称，由省、自治区、直辖市人民政府提出意见，报国务院审批。

（三）边境地区涉及国界线走向和海上涉及岛屿归属界线以及载入边界条约和议定书中的自然地理实体名称和居民地名称，由省、自治区、直辖市人民政府提出意见，报国务院审批。

（四）在科学考察中，对国际公有领域新的地理实体命名，由主管部门提出意见，报国务院审批。

（五）各专业部门使用的具有地名意义的台、站、港、场等名称，在征得当地人民政府同意后，由专业主管部门审批。

（六）城镇街道名称，由直辖市、市、县人民政府审批。

（七）其他地名，由省、自治区、直辖市人民政府规定审批程序。

（八）地名的命名、更名工作，可以交地名机构或管理地名工作的单位承办，也可以交其他部门承办；其他部门承办的，应征求地名机构或管理地名工作单位的意见。

第七条 少数民族语地名的汉字译写，外国地名的汉字译写，应当做到规范化。译写规则，由中国地名委员会制定。

第八条 中国地名的罗马字母拼写，以国家公布的"汉语拼音方案"作为统一规范。拼写细则，由中国地名委员会制定。

第九条 经各级人民政府批准和审定的地名，由地名机构负责汇集出版。其中行政区划名称，民政部门可以汇集出版单行本。

出版外国地名译名书籍，需经中国地名委员会审定或由中国地名委员会组织编纂。各机关、团体、部队、企业、事业单位使用地名时，都以地名机构或民政部门编辑出版的地名书籍为准。

第十条 地名档案的管理，按照中国地名委员会和国家档案局的有关规定执行。

第十一条 地方人民政府应责成有关部门在必要的地方设置地名标志。

第十二条 本条例在实施中遇到的具体问题，由中国地名委员会研究答复。

第十三条 本条例自发布之日起施行。

附录六

民政部地名管理条例实施细则

为了更好地贯彻落实1986年国务院颁发的《地名管理条例》，推进我国地名标准化进程，不断提高地名管理水平，民政部于1996年6月18日制定并颁发了《地名管理条例实施细则》。

细则内容

第一章　总　则

第一条　根据《地名管理条例》（以下简称《条例》）的规定，制定本实施细则。

第二条　凡涉及地名的命名与更名、地名的标准化处理、标准地名的使用、地名标志的设置、地名档案的管理等行为，均适用本细则。

第三条　《条例》所称自然地理实体名称，包括山、河、湖、海、岛礁、沙滩、岬角、海湾、水道等名称；行政区划名称，包括各级行政区域和各级人民政府派出机构所辖区域名称；居民地名称，包括城镇、区片、开发区、自然村、片村、农林牧渔点及街、巷、居民区、楼群（含楼、门号码）、建筑物等名称；各专业部门使用的具有地名意义的台、站、港、场等名称，还包括名胜古迹、纪念地、游览地、企业事业单位等名称。

第四条　地名管理的任务是：依据国家关于地名管理的方针、政策和法规，通过地名管理的各项行政职能和技术手段，逐步实现国家地名标准化和国内外地名译写规范化，为社会主义建设和国际交往服务。

第五条　国家对地名实行统一管理、分级负责制。

第六条　民政部是全国地名的主管部门。其职责是：指导和协调全国地名管理工作；制定全国地名工作规划；审核地名的命名和更名；审定并组织编纂全国性标准地名资料和工具图书；指导、监督标准地名的推广使用；管理地名标志和地名档案；对专业部门使用的地名实行监督和协调管理。

第七条 县级以上民政管理部门（或地名委员会）主管本行政区域的地名工作。其职责是：贯彻执行国家关于地名工作的方针、政策、法律、法规；落实全国地名工作规划；审核、承办本辖区地名的命名、更名；推行地名的标准化、规范化；设置地名标志；管理地名档案；完成国家其他地名工作任务。

第二章 地名的命名与更名

第八条 地名的命名除应遵循《条例》第四条的规定外，还应遵循下列原则：

（一）有利于国家统一、主权和领土完整。

（二）反映当地人文或自然地理特征。

（三）使用规范的汉字或少数民族文字。

（四）不以外国人名、地名命名我国地名。

（五）人民政府不驻在同一城镇的县级以上行政区域名称，其专名不应相同。

一个县（市、区）内的乡、镇、街道办事处名称，一个乡、镇内自然村名称，一个城镇内的街、巷、居民区名称，不应重名；

国内著名的自然地理实体名称不应重名；

一个省、自治区、直辖市行政区域内，较重要的自然地理实体名称不应重名；

上述不应重名范围内的地名避免使用同音字。

（六）不以著名的山脉、河流等自然地理实体名称作行政区域专名；自然地理实体的范围超出本行政区域的，亦不以其名称作本行政区域专名。

（七）县、市、市辖区不以本辖区内人民政府非驻地村镇专名命名。

（八）乡、镇、街道办事处一般应以乡、镇人民政府驻地居民点和街道办事处所在街巷名命名。

（九）新建和改建的城镇街巷、居民区应按照层次化、序列化、规范化的要求予以命名。

第九条 地名的更名除应遵循《条例》第五条的规定外，凡不符合本细则第八条（四）、（五）、（七）、（八）项规定的地名，原则上也应予以更名。需要更改的地名，应随着城乡发展的需要，逐步进行调整。

第十条 地名命名、更名的审批权限按照《地名管理条例》第六条（一）至（七）项规定办理。

第十一条 申报地名的命名、更名时，应将命名、更名的理由及拟废止的旧名、拟采用的新名的含义、来源等一并加以说明。

第十二条 地名的命名、更名由地名管理部门负责承办。行政区域名称的命名、更名，由行政区划和地名管理部门共同协商承办。

专业部门使用的具有地名意义的名称，其命名、更名由该专业部门负责承办，但应事先征得当地地名管理部门的同意。

第三章 地名的标准化处理

第十三条 凡符合《地名管理条例》规定，并经县级以上人民政府或专业主管部门批准的地名为标准地名。

第十四条 标准地名原则上由专名和通名两部分组成。通名用字反映所称地理实体的地理属性（类别）。不单独使用通名词组作地名。具体技术要求，以民政部制定的技术规范为准。

第十五条 汉语地名中的方言俗字，一般用字音（或字义）相同或相近的通用字代替。对原有地名中带有一定区域性或特殊含义的通名俗字，经国家语言文字工作委员会审音定字后，可以保留。

第十六条 少数民族自治区地方及民族乡名称，一般由地域专名、民族全称（包括“族”字）和相应自治区域通名组成。由多个少数民族组成的民族自治地方名称，少数民族的称谓至多列举三个。

第十七条 少数民族语地名的译写

（一）少数民族语地名，在各自民族语言、文字的基础上，按其标准（通用）语言，依据汉语普通话读音进行汉字译写。对约定俗成的汉字译名，一般不更改。

（二）多民族聚居区的地名，如不同民族有不同的称谓并无惯用汉语名称时，经当地地名管理部门征得有关少数民族的意见后，选择当地使用范围较广的某一种称谓进行汉字译写。

（三）少数民族地名的汉字译写，应尽可能采用常用字，避免使用多音、贬义和容易产生歧义的字词。

（四）有文字的少数民族语地名之间的相互译写，以本民族和他民族规范化的语言文字为依据，或者以汉语拼音字母拼写的地名为依据。

（五）少数民族语地名译写的具体技术要求，以民政部商同国务院有关部门制定的或经民政部审定的有关规范为依据。

第十八条 国外地名的汉字译写

（一）国外地名的汉字译写，除少数惯用译名外，以该国官方语言文字和标准音为依据；有两种以上官方语言文字的国家，以该地名所属语区的语言文字为依据。国际公共领域的地理实体名称的汉字译写，以联合国有关组织或国际有关组织颁布的标准名称为依据。

（二）国外地名的汉字译写，以汉语普通话读音为准，不用方言读音。尽量避免使用多音字、生僻字、贬义字。

（三）国外地名专名实行音译，通名一般实行意译。

（四）对国外地名原有的汉译惯用名采取“约定俗成”的原则予以保留。

（五）国外地名译写的具体技术要求，以国家地名管理部门制定的外国地名译名规范为依据。国外地名的译名以国家地名管理部门编纂或审定的地名译名手册中的地名为标准化译名。

第十九条 中国地名的罗马字母拼写

（一）《汉语拼音方案》是使用罗马字母拼写中国地名的统一规范。它不仅适用于汉语和国内其他少数民族语，同时也适用于英语、法语、德语、西班牙语、世界语等罗马字母书写的各种语文。

（二）汉语地名按《中国地名汉字拼音字母拼写规则（汉语地名部分)》拼写。

（三）少数民族的族称按国家技术监督局制定的《中国各民族名称的罗马字母拼写方法和代码》的规定拼写。

（四）蒙、维、藏语地名以及惯用蒙、维、藏语文书写的少数民族地名，按《少数民族语地名汉语拼音字母音译转写法》拼写。

（五）其他少数民族语地名，原则上以汉译名称按《中国地名汉语拼音字母拼写规则（汉语地名部分)》拼写。

（六）台湾地区和香港、澳门地区的地名，依据国家有关规定进行拼写。

（七）地名罗马字母拼写具体规范由民政部商同国务院有关部门负责修订。

第四章　标准地名的使用

第二十条　各级地名管理部门和专业主管部门，应当将批准的标准地名及时向社会公布，推广使用。

第二十一条　各级地名管理部门和专业主管部门，负责编纂本行政区域或本系统的各种标准化地名出版物，及时向社会提供法定地名。其他部门不得编纂标准化地名工具图书。

第二十二条　机关、部队、团体、企业、事业单位的公告、文件、证件、影视、商标、广告、牌匾、地图以及出版物等方面所使用的地名，均应以正式公布的标准地名（包括规范化译名）为准，不得擅自更改。

第二十三条　对尚未公布规范汉字译写的外国地名，地名使用单位应根据国家地名管理部门制定的译名规则进行汉字译写。

第五章　地名标志的设置

第二十四条　行政区域界位、城镇街巷、居民区、楼、院、自然村屯、主要道路和桥梁、纪念地、文物古迹、风景名胜、台、站、港、场和重要自然地理实体等地方应当设置地名标志。一定区域内的同类地名标志应当力求统一。

第二十五条　地名标志的主要内容包括：标准地名汉字的规范书写形式；标准地名汉语拼音字母的规范拼写形式。在习惯于用本民族文字书写地名的民族自治区域，可依据民族区域自治法有关文字书写规定，并列该民族文字规范书写形式。

第二十六条　地名标志的设置和管理，由当地地名管理部门负责。其中街、巷、楼、门牌统一由地名主管部门管理，条件尚不成熟的地方，地名主管部门应积极取得有关部门的配合，共同做好标志的管理工作，逐步实现统一管理。专业部门使用的具有地名意义的名称标志，由地名管理部门协调有关专业部门设置和管理。

第二十七条　地名标志的设置和管理所需费用，当地人民政府根据具体情况，可由财政拨款，也可采取受益单位出资或工程预算费列支等方式筹措。

第六章　地名档案的管理

第二十八条　全国地名档案工作由民政部统一指导，各级地名档案管理部门分级管理。地名档案工作在业务上接受档案管理部门的指导、监督。

第二十九条　各级地名档案管理部门保管的地名档案资料，应不少于本级人民政府审批权限规定的地名数量。

第三十条　地名档案的管理规范，应执行民政部和国家档案局制定的有关规定。

第三十一条　各级地名档案管理部门，要在遵守国家保密规定原则下，积极开展地名信息咨询服务。

第七章　奖励与惩罚

第三十二条　各级地名管理部门应当加强地名工作的管理、监督和检查。对擅自命名、更名或使用不规范地名的单位和个人，应发送违章使用地名通知书，限期纠正；对逾期不改或情节严重、造成不良后果者，地名管理部门应根据有关规定，对其进行处罚。

第三十三条　地名标志为国家法定的标志物。对损坏地名标志的，地名管理部门应责令其赔偿；对偷窃、故意损毁或擅自移动地名标志的，地名管理部门报请有关部门，依据《中华人民共和国治安管理处罚条例》的规定予以处罚；情节恶劣、后果严重触犯刑律的，依法追究刑事责任。

第三十四条　当地人民政府对推广使用标准地名和保护地名标志作出贡献的单位和个人，应当给予表彰或奖励。

第八章　附　则

第三十五条　各省、自治区、直辖市人民政府可根据本细则，制定本行政区域的地名管理办法。

第三十六条　本细则由民政部负责解释。

第三十七条　本细则自发布之日起施行。

附录七

国务院批转关于改用汉语拼音方案作为我国人名地名罗马字母拼写法的统一规范的报告

国发［1978］192号

各省、市、自治区革命委员会，国务院各部委、各直属机构：

现将中国文字改革委员会、外交部、国家测绘总局、中国地名委员会《关于改用汉语拼音方案作为我国人名地名罗马字母拼写法的统一规范的报告》转发给你们，请参照执行。

改用汉语拼音字母作为我国人名地名罗马字母拼法，是取代威妥玛式等各种旧拼法，消除我国人名地名在罗马字母拼写法方面长期存在混乱现象的重要措施，望各部门认真做好这项工作。

一九七八年九月二十六日

关于改用汉语拼音方案作为我国人名地名罗马字母拼写法的统一规范的报告

国务院：

为了进一步贯彻执行周恩来总理关于汉语拼音方案“可以在对外文件、书报中音译中国人名、地名”的指示，两年来，各单位做了大量准备工作。国家测绘总局和文改会修订了《少数民族语地名汉语拼音字母音译转写法》。国家测绘总局编制出版了汉语拼音版《中华人民共和国分省地图集》、《汉语拼音中国地名手册》（汉英对照），并会同内蒙古、黑龙江、吉林、辽宁、西藏、青海、四川、新疆等省（区）进行了蒙、维、藏语地名调查，内蒙古和西藏地名录已正式出版，其他省区的地名录正在编纂中。广播局对有关业务人员举办了汉语拼音学习班。新华社编了有关资料。邮电部编印了新旧拼法对照的电信局名簿。中国人民解放军海军司令部航海保证部编绘出版了提供外轮使用的《航海图》。中央气象局向国际气象联合会提供的我国气象台、站名等也使用了新拼法。

去年8月我国派代表团参加了在雅典举行的联合国第三届地名标准化会议，会上通过了我国提出的关于采用汉语拼音方案作为中国地名罗马字母拼法的国际标准的提案。

我们去年7月14日又邀集外贸部、新华社、广播局、外文局、邮电部、中国社会科学院、民委、民航局及总参测绘局等单位开会研究了改用汉语拼音方案作为我国人名地名罗马字母拼写法的统一规范的问题。会后又与中共中央毛泽东主席著作编辑出版委员会、中国科学院等有关单位进行了磋商。大家认为，根据目前准备工作的情况和对外工作的需要，同时鉴于1958年周总理指示以来在有些方面早已这样做了，因此，我国人名地名改用汉语拼音字母拼写，可在本报告批准后开始实行。同时考虑到有些单位的具体情况，统一规范可逐步实行。由于在联合国地名标准化会议上，我国同意国际上使用我国新拼法有个过渡，所以有些涉外单位，如民航局、邮电部等对今后国外来的文件、电报、票证等仍用旧拼法，不要拒绝承办。人名地名拼写法的改变，涉及我国政府对外文件的法律效力，因此，在适当的时候，拟由外交部将此事通报驻外机构和各国驻华使馆。新华社、外文出版局、广播局等单位也应做好对外的宣传工作。

此外，关于我国领导人的姓名和首都名称的拼写问题，我们认为：既然要用汉语拼音方案来统一我国人名、地名的罗马字母拼写法，领导人的姓名以及首都名称也以改用新拼法为宜。只要事前做好宣传，不会发生误解。

毛主席著作外文版中人名地名的拼写问题。本报告批准后，由外文出版局和中共中央马恩列斯著作编译局按照本报告的原则制订实施办法。

以上报告（并附件）如无不当，请批转各省、市、自治区、国务院各部委参照执行。

一九七八年八月三十日

附件：

关于改用汉语拼音方案拼写中国人名地名作为罗马字母拼写法的实施说明

一、用汉语拼音字母拼写的中国人名地名，适用于罗马字母书写的各种语文，如英语、法语、德语、西班牙语、世界语等。

二、在罗马字母各语文中我国国名的译写法不变，“中国”仍用国际通用的现行译法。

三、在各外语中地名的专名部分原则上音译，用汉语拼音字母拼写，通名部分（如省、市、自治区、江、河、湖、海等）采取意译。但在专名是单音节时，其通名部分应视作专名的一部分，先音译，后重复意译。

文学作品、旅游图等出版物中的人名、地名，含有特殊意义，需要意译的，可按现行办法译写。

四、历史地名，原有惯用拼法的，可以不改，必要时也可以改用新拼法，后面括注惯用拼法。

五、香港和澳门两地名，在罗马字母外文版和汉语拼音字母版的地图上，可用汉语拼音字母拼写法，括注惯用拼法和“英占”或“葡占”字样的方式处理。在对外文件和其他书刊中，视情况也可以只用惯用拼法。我驻港澳机构名称的拼法，可不改。

六、一些常见的著名的历史人物的姓名，原来有惯用拼法的（如孔夫子、孙逸仙等），可以不改，必要时也可以改用新拼法，后面括注惯用拼法。

七、海外华侨及外籍华人、华裔的姓名，均以本人惯用拼法为准。

八、已经使用的商标、牌号，其拼写法可以不改，但新使用的商标、牌号应采用新拼写法。

九、在改变拼写法之前，按惯用拼写法书写和印制的外文文件、护照、证件、合同、协议、出版物以及各种出口商品目录、样本、说明书、单据等，必要时可以继续使用。新印制时，应采用新拼法。

十、各科（动植物、微生物、古生物等）学名命名中的我国人名地名，过去已采取惯用拼法命名的可不改，今后我国科学工作者发现的新种，在订名时凡涉及我国人名地名时，应采用新拼写法。

十一、中国人名地名的罗马字母拼写法改用汉语拼音字母拼写后，我对外口语广播的读音暂可不改。经过一个时期的调查研究之后，再确定我们的做法。

十二、蒙、维、藏等少数民族语人名地名的汉语拼音字母拼写法，由中国地名委员会、国家测绘总局、民族事务委员会、民族研究所负责收集、编印有关资料，提供各单位参考。

少数民族语地名按照《少数民族地名汉语拼音字母音译转写法》转写以后，其中常见地名在国内允许有个过渡。

十三、在电信中，对不便于传递和不符合电信特点的拼写形式可以做技术性的处理，如用 yu 代 ü 等。

附录八

民政部办公厅关于认真做好地名标志设置管理工作的通知

民办发［2001］4号

各省、自治区、直辖市民政厅（局），地名办公室：

今年，是全面贯彻执行 GB 17733.1—1999《地名标牌　城乡》国家标准的第二年，也是落实民政部、交通部、国家工商行政管理局、国家质量技术监督局联合《通知》（民发［2000］67号）的关键一年。为加大工作力度，适应改革开放和社会主义经济建设需要，更好地为我国在新世纪的总体战略目标服务，必须认真做好今年地名标志设置管理工作。现将有关问题通知如下：

一、今年工作的基本要求

今年设标工作的基本要求是：进一步理顺管理体制，认真贯彻执行四部、局联合《通知》，把国家标准宣传贯彻到基层；切实履行国务院交给民政部门的地名管理职责，强化行业管理；严格管理制度，规范操作程序，切实抓好调查研究和分类指导，使设标工作纳入正轨。整个工作要做细、做扎实，为今后三年全国城市设标工作的全面展开铺平道路。

为此，各地要对2000年本辖区设标工作进行认真总结，建立、健全本辖区设标工作领导小组及办事机构，研究制定本辖区五年城市设标工作计划，制定并实施本辖区国家标准培训工作计划；确定省级设标试点工作实施方案、试点验收标准和办法，并将计划和落实情况于4月30日前报全国设标办公室。

二、强化产品质量管理

“地名标志为法定的国家标志物，地名标志上的书写、拼写具有严肃的政治性，涉及国家主权和尊严，涉及民族政策；标志用材涉及人身安全和环境保护。”然而，有些地方无视国家技术法规，不执行强制性国家产品标准，未经国家质量检测，自行认定生产厂家，仓促上马影响了设标工作正常开展。为确保地名标志产品质量，目前民政部正在制定《地名标志产品生产资质管理办法》，在此办法正式出台以前，我部从行业管理角度制定若干行政措施，强化产品质量管理。从现在起对生产标准地名标志的企业，进行产品质量检测和综合生产能力审查，合格的由全国地名标准化技术委员会颁发临时《资质证书》；只有考核合格并取得临时证书的企业才有资格在全国各地承揽地名标志产品生产业务。各地地名行政管理部门在实施设标工作中，不得由未取得临时《资质证书》的厂家介入当地政府采购和招投标活动。

三、认真抓好培训工作

这次设置的地名标志采用了许多新技术材料，因此学习好、理解好国标很重要。请你们认真组织好国家标准专业培训，并认真学习河北、辽宁、广西、山东、内蒙古等省（自治区）的先进经验，抓好典型，搞好分类指导，利用新闻媒体做好宣传发动和交流经验的工作。今年下半年，民政部将联合有关部门对各省级设标试点市组织检查，公布达标城市名单；在适当时机颁发全国第一批设标示范城奖牌。

附录九

民政部、国家标准化管理委员会关于开展全国城市标准地名标志设置检查验收工作的通知

民发［2002］183号

各省、自治区、直辖市民政厅（局）、质量技术监督局，北京、天津、上海三市地名工作主管局（委）：

2000年3月，民政部、交通部、国家工商行政管理局、国家质量技术监督局联合下发了《关于在全国城市设置标准地名标志的通知》，要求用五年时间按照《地名标牌　城乡》强制性国家标准，完成全国城市标准地名标志的设置工作。三年来，全国城市设标工作取得了一定的成绩。实践证明，设置标准地名标志，是推广标准地名、完善城市功能、促进社会经济发展的需要，是提升城市文化品位、推进精神文明建设的重要内容，是直接关系亿万人民群众切身利益、便民、利民的民心导向工程，是实践“三个代表”重要思想在地名工作领域的具体体现。此项工作得到了各级政府的高度重视和广大群众的赞誉。

今年是开展全国城市标准地名标志设置工作的第三年，是实施全国城市五年设标战略目标承前启后的关键一年。为了巩固已经取得的成果，贯彻落实国务院有关领导同志在第十一次全国民政会议上关于“依法管理地名，实现地名标志设置的规范化、标准化”的要求，推动全国的地名标准化建设，适应加入世贸组织后强化城市功能的需要，更好地为社会主义经济建设和社会发展服务，决定从明年1月开始，对全国城市标准地名标志设置工作进行检查验收。现将有关事项通知如下：

一、总体部署

整个工作本着“成熟一批，公布一批”的原则，在检查验收的基

础上分期分批进行。第一批全国城市标准地名标志设置检查验收工作，从2003年1月开始，至2003年6月底结束。之后每半年进行一次。

二、组织实施

全国城市标准地名标志设置检查验收工作在民政部全国地名标志设置管理工作领导小组领导下进行，由全国地名标志设置管理工作办公室在各相关部门的配合下组织实施。各省、自治区、直辖市的城市标准地名设置检查验收工作，由省级地名行政管理部门在同级政府各相关部门的配合下组织实施。

三、方法步骤

城市标准地名标志设置检查验收工作一般按以下四步进行：

第一，学习准备。主要是学习党的十六大精神、国务院第十一次全国民政会议精神，学习设标工作的有关文件和技术规范。通过学习，统一思想，提高认识，确定本省（自治区、直辖市）设档工作检查验收工作计划。

第二，制订方案。对本省、自治区、直辖市内开展设标的城市、市区进行调查摸底；与省级相关业务部门进行协调；根据《全国标准地名标志设置检查验收工作主要内容》，研制本辖区的具体实施方案。

第三，省市自查。各城市先行自查，在此基础上，省级地名工作主管部门组织检查验收。省级地名行政管理部门检查验收合格后，报民政部全国地名标志设置管理工作办公室。

第四，国家级验收。全国地名标志设置工作办公室组织对各地上报情况进行检查，并将检查情况报领导小组批准后在报刊上向社会公布。

开展城市设标检查验收是推动全国城市标准地名标志设置的一项重要工作，各地地名行政主管部门要认真按本通知要求组织实施，真正抓出成效。

附：全国城市标准地名标志设置检查验收工作主要内容

2002年12月11日

全国城市标准地名标志设置检查验收工作主要内容

一、领导是否重视，有无专门的组织机构或部门负责标准地名标志设置的日常工作。

二、有无完整的设标工作方案，其中包括部署工作的有关文件、实施任务的具体措施及保证设标工作质量的具体办法。

三、生产制作地名标牌的企业是否具有标准地名标志产品生产资格。

四、生产地名标牌的合同书对产品质量指标有无明确要求；在实际设置过程中，是否对批量生产中的产品进行抽样，并经民政部全国地名标志设置管理工作办公室指定的检测机构检测。

五、有无管理、维护所设地名标志的具体办法。

附录十

民政部办公厅关于加强地名标志产品质量监督管理的通知

民办函［2004］264号

各省、自治区、直辖市民政厅（局），地名办公室：

《全国标准地名标志产品生产资质证书》（以下简称《生产资质证书》）取消后，有的地方的地名行政管理部门放松了对地名标志产品质量的监督管理，突出表现为允许一些缺乏基本生产条件的企业参与地名标志的生产与设置。这些企业为获取最大利润，使用廉价甚至含有有毒重金属硫化物的原材料，生产不符合《地名标牌　城乡》国家标准的低质不低价的地名标志产品。这些做法，严重影响了地名标志设置工作，损害了全国城市设标工作的形象。为有效遏制质量低劣的地名标志产品进入地名工作领域，切实保证各地所设地名标志质量达到《地名标牌　城乡》国家标准，现就有关问题通知如下：

一、地名标志是国家的法定标志物。地名标志的内容、规格和材料，涉及国家主权尊严，涉及民族政策，涉及人身安全和环境保护。取消《生产资质证书》并不意味着可以放松对地名标牌生产质量的监督与管理。各级地名行政主管部门要一如既往地重视地名标志产品质量，把地名标志产品质量放在城市投标工作的首要位置，积极采取切实有效措施，加强对地名标志产品质量的管理和监督，真正把投标工作做成利国利民的民心工程。

二、各级地名管理部门必须认真贯彻《中华人民共和国标准化法》关于“强制性标准，必须执行。不符合强制性标准的产品，禁止生产、销售和进口”的有关规定，严格执行《地名标牌　城乡》强制性国家标准，决不允许不符合《地名标牌　城乡》国家标准的低质、劣质及含有害物质的地名标志产品进入地名工作领域，确保各类地名标志产品质量都能达到《地名标牌　城乡》强制性国家标准的有关技术要求。

三、各地在地名标志设置过程中，对地名标志产品的采购必须公开透明。要在生产能力强、信誉好的企业中进行招标，严禁各种形式的不透明行为。在采购及安装设置前，地名行政管理部门必须与中标的生产企业签订产品供应合同，在合同中严格约定质量条款，明确生产企业必需依照《地名标牌　城乡》国家强制性标准 7.1 和 7.2 检验规则条款的有关规定进行产品质量检验，并附有中国国家认证认可监督管理委员会授权的专门检测地名标牌产品的机构出具的产品检测合格报告。在合同履行过程中，地名行政管理干部要加强对中标企业在地名标志产品原材料采购、生产、安装等环节的质量监督，确保产品的质量。对中标企业违反合同质量约定的，地名行政主管部门应当及时纠正，并按照合同约定追究违约责任，防止给国家造成经济损失和其他危害。

附录十一

民政部关于实施地名公共服务工程的通知

民函［2005］ 122号

各省、自治区、直辖市民政厅（局），新疆生产建设兵团民政局：

为进一步转变政府职能，提高地名工作的公共服务能力，更好地为我国经济社会发展和构建社会主义和谐社会服务，经国务院领导同意，民政部决定从2005年开始，全面启动地名公共服务工程。现就有关问题通知如下：

一、要深刻认识实施地名公共服务工程的重要意义

随着我国经济社会的快速发展，城镇化的迅速推进，特别是经济全球化进程的加快，国内外的交流交往越来越多，使用地名频率越来越高，对地名公共服务的要求越来越迫切。近年来，我国的地名管理和服务工作取得了显著成绩，但仍存在地名命名更名不规范、地名数据资料陈旧不全、信息化水平低、服务手段落后、地名管理法规滞后、管理体制尚未完全理顺等问题。这些问题影响了社会公众的交流交往，给人民群众的生产生活带来不便，提高地名工作的服务管理水平是时代的迫切需要。

为了适应客观形势的要求，2005年全国民政会议提出启动实施地名公共服务工程，进一步规范地名管理，拓展服务，建立完善地名公共服务体系，为社会提供更多更好的公共产品，满足人民群众对地名信息的迫切需求。实施地名公共服务工程，是落实科学发展观，构建社会主义和谐社会的重要举措，是各级政府转变职能，开展为民服务的必然要求和重要内容，对维护国家主权和领土完整，促进经济社会发展、方便人民群众生产生活，推动我国地名工作的快速发展都具有重要意义。

二、要扎实完成地名公共服务工程的各项任务

根据客观形势的要求和广大人民群众的需要，实施地名公共服务工程要重点做好以下四个方面的专项事务：

（一）地名规范专项事务。主要任务和要求是，制定完善地名管理法规规章及相关技术标准、规范，理顺地名管理体制，健全工作机制，向社会提供标准规范的地名信息。要把规范地名与保持地名的稳定性统一起来，在保持地名相对稳定的前提下，对不规范地名进行标准化处理，提高地名标准化水平。要努力提高地名的文化品位和知识含量，努力体现先进文化的要求。民政部正在修订《地名管理条例》，制定有关地名用字读音、拼写译写标准，研究制定实施地名公共服务工程的相关技术标准和规范。各地要结合本地实际，制定地名的地方法规、规章和实施办法，不断提高地名服务管理法制化水平。

（二）地名标志专项事务。主要任务和要求是，设置比较完善的城乡系列地名标志，为人们出行提供方便。在完成城市地名设标工作的基础上，从今年开始用5年时间完成县乡镇地名设标工作，做到全国城乡都有符合标准、数量足够、便于公众使用的地名标志。地名标牌的设置要在严格执行国家相关标准、保证质量的前提下，努力探索节约实用、多功能、一体化地名标志形式，反对贪大求洋，铺张浪费。要建立切实有效的地名标志维护管理制度，保证作为国家法定标志物的地名标志发挥应有作用。北京、上海、天津、青岛等城市要以迎接奥运会和世博会为契机，做好地名标志的设置完善工作，为大会提供良好的地名服务，向世界展示我国优秀地名文化。

（三）地名规划专项事务。主要任务和要求是，结合城市建设现状和发展规划，着眼城市的长远发展和现实需要，依据国家地名管理法规和地名规范，对城市未来需要的新地名进行前瞻性规划论证，编制地名命名更名规划，从源头上把好地名命名更名关。城市地名规划的重点是各级建制市及县人民政府驻地镇，有条件的地区可延伸到其他乡镇人民政府驻地。地名规划的具体对象主要是行政区划名称以外的人文地理实

体名称，包括居民区、街（路）巷、桥梁、标志性建筑物、自然景观等内容。这项工作从2005年开始实施，计划用5年时间完成。

（四）数字地名专项事务。主要任务和要求是，建立国家、省、市、县四级地名数据库，依托数据库开展地名信息化服务。地名数据库建设的关键是县（市）数据库，各省、市级人民政府地名管理部门要加大对所辖县（市）数据库建设的指导和支持，力争两年内建立完善的县（市）数据库，为全省、全国数据库建设打好基础。为保证地名数据库的权威性，各地要做好地名信息的普查更新，特别要查清沿边沿海地名情况。在建立完善地名数据库的同时，要积极开展地名网站、地名热线（问路电话）、地名光盘（电子地图）、地名触摸屏等多种形式的地名信息化服务。省会城市要充分发挥数字地名服务示范作用，我部在第四季度将召开“数字地名”现场交流会，推动“数字地名”示范城市建设。

三、要认真落实实施地名公共服务工程的原则要求

地名公共服务工程是民政部门面向国内外和社会各界服务的公益性事业，直接关系广大人民群众的切身利益和社会的各个方面，意义重大，影响深远，各地要高度重视，研究制定有力的政策措施，把实施工程的各项任务落到实处。今年是工程的启动之年，开局至关重要，各级民政部门要精心组织，把握重点，抓好试点，选好突破口，在一些重要工作上有所突破、有所进展，为工程的全面实施打好基础，开拓新路。

（一）以人为本，立足服务。启动地名公共服务工程是今年民政部的五项重点工作之一，各级民政部门要从现代化建设大局的高度认识地名公共服务工程，从构建和谐社会全局的要求把握地名公共服务工程，使各方面真正深刻认识到新时期实施地名公共服务工程的重要意义，真正把它作为重点工作摆上民政工作的议事日程。实施地名公共服务工程，要贯彻以人为本、立足服务、求真务实、注重实效的原则，服务项目和服务形式都要从人民群众生产生活的需要出发，以方便人民群众使用为第一原则，体现以人为本，贴近群众，贴近生活，经济实用，体现

科学的发展观和“以民为本、为民解困”的民政工作理念，既要不断拓展服务领域，完善服务体系，提高服务水平，又不能贪大求洋，盲目攀比，浪费资源，特别要努力提高使用资源的效益，降低服务管理成本。

（二）加强领导，组织落实。地名公共服务工程涉及面广，涉及部门多，需要争取各级政府和各有关部门的大力支持和密切合作，需要社会各界的积极参与。因此，要建立政府领导，民政组织，部门配合，社会参与的工作机制。要积极争取政府领导的重视和支持，尽快提出财政立项和经费方案，努力将地名公共服务工程列入政府的工作计划和经济社会发展“十一五”规划；管理体制不顺的地方还应当努力理顺工作关系，积极做好协调工作，尽早实现地名工作统一归口管理。要积极争取成立协调领导机构，由政府相关负责同志统一组织协调，整合各方资源，形成工作合力，共同推进工作。要鼓励社会各界广泛参与，合作开发，资源共享，减少浪费，降低成本。要多渠道筹集资金，建立财政投入与市场运作相结合、公益服务与有偿服务相结合、政府服务与民间服务相结合的地名公共服务运行机制。涉及国家秘密的信息应当按照有关保密规定妥善处理。

（三）统筹安排，分类指导。各地在启动工作时，要统筹考虑，总体安排，把握重点，抓好试点，以点带面，逐步推进。在工作范围上，要以大中城市，特别是省会城市为重点；在工作内容上，要以地名数据库建设、地名信息服务和地名规划为重点。要根据本地实际情况，尽快落实工程启动事项，今年至少要在一两个方面有所突破、有所进展。要坚持实事求是、因地制宜、分类指导、量力而行、逐步提高、逐步完善的原则；要按照城乡有所区别、大中小城市有所区别、经济发达地区和经济欠发达地区有所区别的原则，研究确定本地的服务内容和服务标准，不搞一刀切。

（四）健全制度，规范管理。地名公共服务项目多，时间长，是一项系统工程，科技含量高，技术复杂，各项工作一开始就应当建章立制，制定相关规范和标准，健全管理制度体系，提高地名服务管理的法制化和规范化水平。各地要严格执行民政部制定的相关标准和规范，同时结合本地实际，制定地方性法规、规章和实施办法和相关技术标准，保证全国地名公共服务工程顺利进行，并保持可持续发展能力。

（五）提高素质，开拓创新。实施地名公共服务工程要有一支政治素质高、业务能力强的干部队伍。要以强化“为民服务”和“开拓创新”意识为重点，牢牢把握“为民服务”的宗旨，把地名管理和服务有机结合起来，通过加强服务，带动和促进管理，寓管理于服务之中，不断拓展方便群众的地名公共服务项目，努力把地名公共服务工程建设成为政府的民心工程、窗口工程。由于实施地名公共服务工程是一项新任务，各地地名工作者要发扬开拓创新精神，不断创新地名服务方式和途径，开创地名公共服务的新局面，提高地名公共服务的社会效益，努力创建内容丰富、健全完善的地名公共服务体系。

附录十二

民政部、财政部关于加快实施地名公共服务工程有关问题的通知

各省、自治区、直辖市民政厅（局）、财政厅（局），新疆生产建设兵团民政局、财务局：

2005年，经国务院批准，全面启动了地名公共服务工程。一年来，各地认真贯彻落实民政部《关于实施地名公共服务工程的通知》（民函［2005］122号）精神，立足当地实际，研究制订实施方案，以标准地名标志设置为实施地名公共服务工程切入点，规范地名，建立地名数据库，推动了地名公共服务工程的实施。但是，各地开展工作情况很不平衡，一些地方由于认识不到位、管理体制不顺、资金不足等原因，工作进展缓慢。为加快推进此项工程，现就有关问题通知如下：

一、地名公共服务工程包括地名规范、地名标志、地名规划和数字地名四项工作任务。由于这项工程涉及面广，需要政府相关部门的密切配合。各地民政、财政部门要从转变政府职能，提高公共服务能力，促进经济社会发展和构建社会主义和谐社会的高度，充分认识实施这项工程的重要意义，要在当地政府的领导下，主动协调有关部门，按照地名公共服务工程总体规划，尽快制定本地区地名公共服务工程实施方案，力争2006年底前启动这项工程。

二、各地要合理规划，分步实施，突出重点，加快实施地名公共服务工程。

（一）制定和完善地名管理法规及相关技术标准，是规范、理顺地名管理工作的基础。各地要结合本地实际，抓紧研究制定地方性法规，理顺管理体制，并在“十一五”期间基本建立起规范、完善的地名管理法规体系和相关技术标准。

（二）各地要加快全国县乡镇标准地名标志设置工作，有条件的地方，可以县乡（镇）同时进行；尚不具备条件的地方，可以县乡（镇）

分开进行。设置标准地名标志之前，要做好地名普查、补查工作，保证地名标志设置的准确性，促进地名管理的规范化。

（三）地名数据库是开展地名管理工作的平台，各地应按照建立数字地名专项事务的总体要求，力争在2007年底完成本行政区域地名数据库的建设，为全国地名信息管理系统建设打好基础。

三、根据民函［2005］122号文件要求，多渠道筹集资金，建立财政投入与市场运作相结合、公益服务与有偿服务相结合、政府服务与民间服务相结合的地名公共服务运行机制。各地民政部门要认真对地名公共服务工程项目进行可行性论证，合理提出需要财政给予支持的项目；各地财政部门要积极支持地名公共服务工程建设，根据需要和财力可能，合理安排项目资金，加强资金管理，促进工程项目的顺利实施。对于财政困难的县（市、区），省级财政可酌情给予适当补助。

四、各地民政部门要加强对地名公共服务工程进展情况的督促检查，狠抓落实，发现问题要及时解决。对不能按期完成计划任务的，要向上一级民政部门说明情况。民政部将定期对各地地名公共服务工程工作进度情况进行通报，以指导和促进各地切实把这项工作落到实处。

附录十三

关于印发《地名标志管理试行办法》的通知

民地标［2006］1号

各省自治区直辖市民政厅（局）、地名办公室：

全国城市标准地名标志设置工作完成后，根据地名公共服务工程的总体部署，从2005年开始，民政部在全国部署开展了县乡镇标准地名标志设置工作。随着工作的不断深入，地名标志管理问题逐渐凸现出来。为进一步加强标准地名标志设置工作的管理，以维护地名标志作为国家法定标志物的严肃性，民政部全国地名标志设置管理工作办公室根据《地名管理条例》的有关规定，制定了《地名标志管理办法》，请各地参照执行。

附：《地名标志管理试行办法》

二〇〇六年十二月七日

地名标志管理试行办法

第一条 为规范地名标志的设置和管理，根据《地名管理条例》及有关法律、法规，制定本办法。

第二条 本办法所称地名标志，是指为社会公众使用所设立标示地理实体名称的标志，包括

（一）行政区域名称标志。

（二）居民地、街（路、巷）名称标志。

（三）门（楼）编码名称标志。

（四）山、河、湖、岛等自然地理实体名称标志。

（五）具有地名意义的建筑物和台、站、港、场名称标志。

（六）其他起导向作用的辅助地名标志。

第三条 国家对地名标志实行分级管理。县级以上人民政府民政部门是地名标志的主管部门，负责本行政区域内地名标志的设置和管理。

地名标志产品由民政部门监制。

第四条 地名标志是社会公益设施。县级以上地方各级人民政府民政部门，应认真做好地名标志设置和管理工作，为国家经济建设和社会各界交流交往服务。

第五条 地名标志是国家法定标志物，各级民政部门应加强宣传，增强公民依法保护地名标志的意识。

第六条 地名标志设置的具体方案由县级以上地方人民政府民政部门制定。

第七条 门（楼）编码可采用序数编码或量化编码（也称距离编码）进行。

采用序数编码的，从街（路、巷）起点起，每户一号，按照左单右双的原则编号。

采用量化编码的，以街（路、巷）起点到门户中心线距离量算，每2米为一个号，按照左单右双的原则编号。

第八条 地名标志设置一般应与城乡建设同步，做到统一规划，布局合理，位置明显，导向准确，坚固耐用，美观协调。

第九条 地名标志设置的基本原则：

（一）行政区域名称标志应设在位于主要交通道路的行政区域界线上。

（二）居民地名称标志应设在居民地的主要出、入口处。

（三）街（路、巷）名称标志应设在街（路、巷、胡同、里弄）的起止点、交叉口处。起止点之间设置地名标志的数量要适度、合理。

（四）楼、门编码名称标志应设在该建筑物面向主要交通通道的明显位置。

（五）山、河、湖、岛等自然地理实体名称标志，应设在所处的主要交通道路旁或该自然地理实体显著位置。

（六）具有地名意义的建筑物名称标志，设在该建筑物面向主要交通道路的明显位置。

（七）具有地名意义的台、站、港、场名称标志，设在该台、站、港、场面向主要交通道路的明显位置。

（八）其他具有导向作用的辅助地名标志，要按照方便、实用、清晰的原则设置。

第十条 地名标志上的地名，必须使用标准名称和规范汉字，不得使用繁体字、异体字、自造字和简化字。地名标志的汉字书写使用等线体。

第十一条 少数民族语地名的译写，以国家公布的《少数民族语地名汉语拼音字母音译转写法》作为统一规范。用少数民族文字书写地名，应执行国家规定的规范写法。

第十二条 地名标志上地名的罗马字母拼写，以国家公布的《汉语拼音方案》作为统一规范和国际标准，按国务院民政、语言文字部门制定的拼写规则执行。禁止用外文和“威妥玛式”等旧式拼法拼写中国地名。

第十三条 地名标志的材质、规格、形式，要符合国家相关标准。附设的图形文字，不得影响地名标志的使用功能。

第十四条 地名标志的采购根据地方政府招标的有关规定进行。参与竞标的企业，应当提供其产品通过国家认证认可监督委员会授权的专门检测地名标牌产品机构出具的检测报告。

第十五条 国家对地名标志设置管理工作实行定期检查制度。省级人民政府民政部门负责对所辖县级以上地方人民政府民政部门的地名标志设置、管理工作进行定期检查。国务院民政部门对全国县级以上地方人民政府民政部门的地名标志设置、管理工作进行抽检。

第十六条 地名标志设置管理工作定期检查和抽检的主要内容：

（一）是否符合国家和国务院民政部门制定的相关标准和规定。

（二）是否符合上级民政部门制定的地名标志设置方案。

（三）是否与城乡建设同步。

（四）密度是否适宜，布局是否合理。

（五）是否完好、整洁、规范。

第十七条 对检查不合格的，要限期整改，并将整改情况及时上报上一级民政部门。

第十八条 县级以上人民政府民政部门应为本行政区域范围内的地名标志建立纸质档案和电子档案。地名标志档案的主要内容包括：

（一）地名标志的设置办法和编码规则。

（二）地名标志检测报告。

（三）地名标志分布图。

（四）地名标志登记表。

（五）地名标志照片。

（六）地名标志的检查、维修、更换等有关资料。

（七）地名标志移动、拆除和查处损毁地名标志的有关资料。

（八）地名标志招投标有关资料。

（九）地名标志的其他有关资料。

第十九条 地名标志要保持清晰完整，对字迹模糊不清、污损严重的，应及时修复或更换。

第二十条 其他部门如需移动、拆除地名标志，应报请有关县级以上人民政府民政部门批准，并承担相关费用。

第二十一条 地名标志设置、维护、监督等所需经费，应当纳入县级以上地方政府财政预算，不足部分可以通过市场运作筹集。

第二十二条 偷盗、损毁或擅自移动、遮盖、涂鸦地名标志的，由县级以上人民政府民政部门责令其限期恢复原状。

第二十三条 各级民政部门工作人员在地名标志管理工作中有玩忽职守、徇私舞弊等行为，尚不构成犯罪的，由所在单位或上级主管机关予以行政处分。

附录十四

中国地名汉语拼音字母拼写规则
（汉语地名部分）

一、分写和连写

1. 由专名和通名构成的地名，原则上专名与通名分写。

太行/山（注）　松花/江　汾/河　太/湖　舟山/群岛
台湾/海峡　青藏/高原　密云/水库　大/运河　永丰/渠
西藏/自治区　江苏/省　襄樊/市　通/县　西峰/镇
虹口/区　友谊/乡　京津/公路　南京/路　滨江/道
长安/街　大马/路　梧桐/巷　门框/胡同

2. 专名或通名中的修饰、限定成分，单音节的与其相关部分连写，双音节和多音节的与其相关部分分写。

西辽/河　潮白/新河　新通扬/运河　北雁荡/山
老秃顶子/山　小金门/岛　景山/后街　造币/左路
清波门/直街　后赵家楼/胡同　朝阳门内/大街　南/小街
小/南街　南横/东街　修文/西小巷
东直门外/南后街　广安门/北滨河/路　广渠/南水关/胡同

3. 自然村镇名称不区分专名和通名，各音节连写。

王村　江镇　郭县　周口店　文家市　油坊桥
铁匠营　大虎山　太平沟　三岔河　龙王集　龚家棚
众埠街　南王家荡　东桑家堡子

4. 通名已专化的，按专名处理。

渤海/湾　黑龙江/省　景德镇/市　解放路/南小街

包头/胡同/东巷

5. 以人名命名的地名，人名中的姓和名连写。

左权/县　　张之洞/路　　欧阳海/水库

二、数词的书写

6. 地名中的数词一般用拼音书写。

五指山	Wǔzhǐ Shān
九龙江	Jiǔlóng Jiāng
三门峡	Sānmén Xiá
第二松花江	Dì’èr Sōnghuā Jiāng
第六屯	Dìliù Tún
三眼井胡同	Sānyǎnjǐng Hútóng
八角场东街	Bājiǎochǎng Dōngjiē
三八路	Sānbā Lù
五一广场	Wǔyī guǎngchǎng

7. 地名中的代码和街巷名称中的序数词用阿拉伯数字书写。

1203 高地	1203 Gāodì
1718 峰	1718 Fēng
二马路	2 Mǎlù
经五路	Jīng 5 Lù
三环路	3 Huánlù
大川淀一巷	Dàchuāndiàn 1 Xiàng
东四十二条	Dōngsì 12 Tiáo
第九弄	Dì—9 Lòng

三、语言的依据

8. 汉语地名按普通话语音拼写。地名中的多音字和方言字根据普通话审音委员会审定的读音拼写。

十里堡（北京）Shílǐpù

大黄堡（天津）Dàhuángbǎo

吴堡（陕西）　Wúbǔ

9. 地名拼写按普通话语音标调。特殊情况可不标调。

四、大小写、隔音、儿化音的书写和移行

10. 地名中的第一个字母大写，分段书写的，每段第一个字母大写，其余字母小写。特殊情况可全部大写。

李庄　Lǐzhuāng

珠江　Zhū Jiāng

天宁寺西里一巷Tiānníngsì Xīlǐ 1 Xiàng

11. 凡以 a、o、e 开头的非第一音节，在 a、o、e 前用隔音符号“’”隔开。

西安　Xī’ān

建瓯　Jiàn’ōu

天峨　Tiān’é

12. 地名汉字书写中有“儿”字的儿化音用“r”表示，没有“儿”字的不予表示。

盆儿胡同　Pénr Hútòng

13. 移行以音节为单位，上行末尾加短横。

海南岛　　　　Hǎi－nán Dǎo

五、起地名作用的建筑物、游览地、纪念地和企事业单位等名称的书写

14. 能够区分专、通名的，专名与通名分写。修饰、限定单音节通名的成分与其通名连写。

解放/桥　　挹江/门　　黄鹤/楼　　少林/寺　　大雁/塔

中山/陵　　兰州/站　　星海/公园　武汉/长江/大桥

上海/交通/大学　金陵/饭店　鲁迅/博物馆　红星/拖拉机厂

北京/工人/体育馆　　二七/烈士/纪念碑　　武威/地区/气象局

15. 不易区分专、通名的一般连写。

一线天　　水珠帘　　百花深处　　三潭印月　　铜壶滴漏

16. 企事业单位名称中的代码和序数词用阿拉伯数字书写。

501 矿区　　　　501 Kuàngqū

前进四厂　　　　Qiánjìn 4 Chǎng

17. 含有行政区域名称的企事业单位等名称，行政区域名称的专名和通名分写。

浙江/省/测绘局　　费/县/汽车站　　郑州/市/玻璃厂

北京/市/宣武/区/育才/学校

18. 起地名作用的建筑物、游览地、纪念地和企事业单位等名称的其他拼写要求，可参照本规则相应条款。

六、附　则

19. 各业务部门根据本部门业务的特殊要求，地名的拼写形式在不违背本规则基本原则的基础上，可作适当的变通处理。

注："/"表示分写。如：太行/山，表示用汉语拼音拼写时，拼作Tàiháng Shān。

附录十五

LED 非点阵大面积平面发光显示板简介

LED 非点阵大面积平面发光显示板是采用 LED 非点阵大面积平面发光技术制作的显示板，是制作 LED 地名标志的基础。

1. 总体结构

LED 非点阵大面积平面发光显示板主要由标识板、扩散片、导光板、反射片、背板、光源组件、电源模块、密封层和边框等组成。

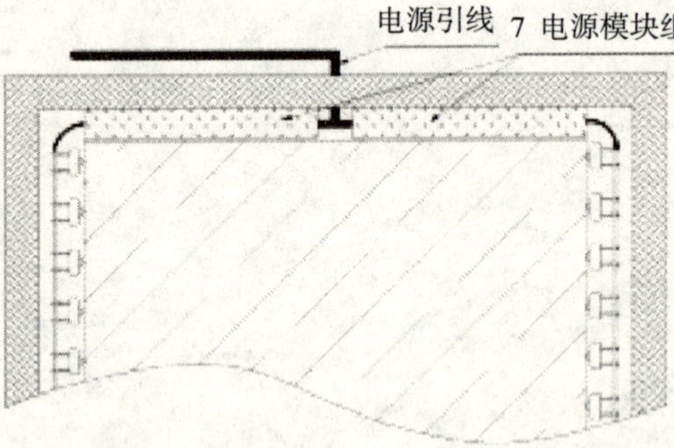

附录图 2　LED 非点阵大面积平面发光显示板结构正视图

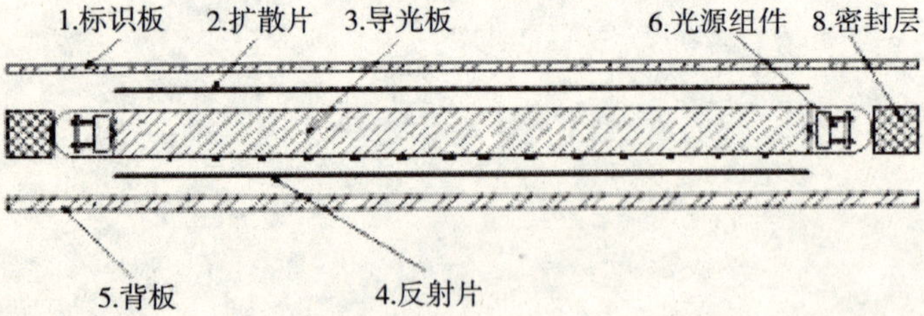

附录图 3　LED 非点阵大面积平面发光显示板结构侧视图（单面发光）

2. 生产工艺

为保证 LED 非点阵大面积平面发光显示板的质量和发光效果，主要采取了以下生产工艺：

（1）散乱斑材料的配置。采用分析纯材料，严格按组方精确调配，最大限度地发挥散乱斑材料的效能。

（2）散乱斑的印制工艺。精确设计散乱斑点的大小和布局，并严格按要求进行制版、印刷。

（3）光源组件与电源模块装配工艺。严格按照设计要求和焊接工艺规范进行装配，确保电极连接准确、焊接牢固可靠，检验无误后进行组装。

（4）整体封装工艺。在产品完成总装，确保各板层、光源和电源控制器等组件的装配质量后，对产品实施整体密封封装，确保其完整性和可靠性，使之能适应室外的气候环境条件。

3. 主要技术指标

LED 非点阵大面积平面发光显示板的主要技术指标如下：

可视距离：正常视力看清显示板内容距离≥50L（L 为显示板的长度）

电源类型：交流 200V～240V 50Hz

发光亮度：30～100cd/㎡

功耗：单面发光≤20W/㎡ 双面发光≤40W/㎡

抗冲击强度：经强度为 0.1kg·m 的冲击后，仍能正常工作

安全性能：绝缘电阻≥20MΩ 抗电强度 1500V 1 分钟

环境要求：温度 -40℃～47℃ 湿度≤96%

使用寿命：≥8 年

主要参考文献

1. GB/T 18833 — 2002 公路交通标志反光膜

2. 《中华人民共和国地名词典·江苏卷》

3. 《现代汉语词典》

4. 《中华人民共和国行政区划简册，2007》

5. 《中华人民共和国行政区划简册，2004》

6. 《地名管理条例》

7. 《地名管理条例实施细则》

8. GB/20878—2007《不锈钢和耐热钢牌号及化学成份》

9. 户外广告设施钢结构技术规程 CECS 148：2003 中国计划出版社

10. 《变形铝及铝合金状态、代号》标准

11. 武军主编 2006 - 7 - 1《丝网印刷原理与工艺（高校教材）》北京 中国轻工业出版社

12. 全国地名导向系统工程课题报告 民政部地名研究所课题组 2004 年

13. 原载《华塑之窗》2001 年第 9 期 http：//www. profilewindoor. com/00xiehui/fw/02hbsj/2002/lzp/1/05. htm

14. 漆膜附着力的检测及其影响因素 王平 上海涂料 2000 年第 1 期

15. 温、湿、振三综合环境试验技术的应用 张伟 2004 12 月第 6 期《电子产品可靠性与环境试验》

16. 人工加速老化试验方法评述 王玲 涂料工业 2005 年 4 月第 4 期

17. GB 17733《地名　标志》国家标准 2008

后 记

为我国地名标准化事业长足发展提供理论技术支撑，中国地名研究所设立了“中国地名标准化”研究课题。“地名标志标准化”为其中一个理论专题。本所地名标志检测实验室组成本专题研究小组，由宋久成主持，进行理论攻关。

通过深入有关省、区、市实地调研，在总结各地执行《地名标牌 城乡》、《地名 标志》相关国家标准实际情况的基础上，结合多年从事地名标志产品质量检测工作的一点体会，以国家有关标准的法律法规为指针，紧密围绕如何准确解读《地名 标志》国家标准这一主题，对“地名标志标准化”专题，进行了深入的理论研究。兹将本专题研究成果，编纂成《地名标志标准化概论》专著，纳入《中国地名标准化研究文库》出版发行。本书力求成为各级地名主管部门、地名标志生产企业以及地名标志产品质量监督检测机构在地名标志生产、设置以及监督检测等方面解读《地名 标志》国家标准的工具书，为逐步实现我国城乡地名标志标准化提供理论技术支撑。

由于地名标志标准化的理论研究涉及较多的学科领域，加之我们水平所限，书中错讹、疏漏在所难免，敬请有关专家、相关企业人士和广大地名工作者指评指正。

作者：宋久成　张清华　汪太明　教明铭

2011 年 1 月

图书在版编目（CIP）数据

地名标志标准化概论/宋久成著．—北京：中国社会出版社，2011.7

ISBN 978-7-5087-3606-8

Ⅰ.①地…　Ⅱ.①宋…　Ⅲ.①地名—标准化—概论　Ⅳ.①P281

中国版本图书馆 CIP 数据核字（2011）第 119519 号

书　　名：地名标志标准化概论

著　　者：宋久成　张清华　汪太明　教明铭

责任编辑：刘运祥

出版发行：中国社会出版社　邮政编码：100032

通联方法：北京市西城区二龙路甲 33 号

电话：编辑部：（010）66032739

邮购部：（010）66060275

销售部：（010）66080300　传真：（010）66051713

（010）66051698　传真：（010）66080880

（010）66080360　（010）66063678

网　　址：www.shcbs.com.cn

经　　销：各地新华书店

印刷装订：中国电影出版社印刷厂

开　　本：170mm×240mm　1/16

印　　张：15

字　　数：250 千字

版　　次：2011 年 8 月第 1 版

印　　次：2011 年 8 月第 1 次印刷

定　　价：42.00 元